PHOTOSHOP

达人速成记

+ 可爱手绘

Speed up!

不一样的职场生活

Different workplace life

德胜书坊 著

U0244638

中国青年出版社

图书在版编目（CIP）数据

Photoshop达人速成记＋可爱手绘 / 德胜书坊著. — 北京: 中国青年出版社, 2019.1
（不一样的职场生活）
ISBN 978-7-5153-5338-8

I.①P… II.①德… III.①图象处理软件 IV.①TP391.413

中国版本图书馆CIP数据核字（2018）第228592号

不一样的职场生活——
Photoshop达人速成记＋可爱手绘
德胜书坊 著

出版发行: 中国青年出版社
地　　址: 北京市东四十二条21号
邮政编码: 100708
电　　话: （010）50856188 / 50856199
传　　真: （010）50856111
企　　划: 北京中青雄狮数码传媒科技有限公司
策划编辑: 张　鹏
责任编辑: 张　军
封面设计: 张旭兴
印　　刷: 北京凯德印刷有限责任公司
开　　本: 889 x 1194　1/24
印　　张: 10
版　　次: 2019年3月北京第1版
印　　次: 2019年3月第1次印刷
书　　号: ISBN 978-7-5153-5338-8
定　　价: 59.90 元
　　　　　（附赠独家秘料, 获取方法详见封二）

本书如有印装质量等问题, 请与本社联系
电话: （010）50856188 / 50856199
读者来信: reader@cypmedia.com
投稿邮箱: author@cypmedia.com
如有其他问题请访问我们的网站: http://www.cypmedia.com

PHOTOSHOP

可爱手绘

速成记

达人

Speed up!

不一样的职场生活

Different workplace life

序言
Preface
为你的职场生活
添上色彩！

本系列图书所涉及内容

职场办公干货知识+简笔画/手帐/手绘/健身，
带你体验不一样的职场生活！

《不一样的职场生活——Office达人速成记+工间健身》

《不一样的职场生活——PPT达人速成记+呆萌简笔画》

《不一样的职场生活——Excel达人速成记+旅行手帐》

《不一样的职场生活——Photoshop达人速成记+可爱手绘》

更适合谁看?

想快速融入职场生活的职场小白，速抢购！

想进一步提高，但又不愿报高价培训班的办公老手，速抢购！

想要大幅提高办公效率的加班狂人，速抢购！

想用小绘画丰富职场生活但完全零基础的手残党，速抢购！

本系列图书特色

市面上办公类图书都会有以下通病：

理论多，举例少——讲不透！

解析步骤复杂、冗长——看不明白！

本系列书与众不同的地方：

多图，少文字——版式轻松，文字接地气！

从实际应用出发，深度解析——超级实用！

微信+腾讯QQ——多平台互动！

干货+手绘/简笔画——颠覆传统！

附赠资源有什么?

你是不是还在犹豫，这本书到底买的值不值?

非常肯定地告诉你：六个字，值！超值！非常值！

简笔画/手帐/手绘内容将以图片的形式赠送，以实现"个性化"定制;

Word/Excel/PPT专题视频讲解，以实现"神助攻"充电;

更多的实用办公模板供读者下载，以提高工作效率;

更好的学习平台（微信公众号ID：DSSF007）进行实时分享！

更好的交流圈（QQ群：498113797）进行有效交流！

系列书使用攻略

目录
CONTENTS

Chapter

01

Photoshop的大千世界

一个人最大的破产是绝望，

最大的资产是希望。

Photoshop CC 2017 概述

SECTION 01

Photoshop CC 2017是由著名的软件厂商Adobe发布的一款功能非常强大的图片处理软件，主要处理由像素组成的数字图像。Photoshop CC 2017主要用于页面的图形设计以及网站的UI切图，帮助用户设计制作出完美图像，新版本带来了全新的性能和全新的界面，包括全面搜索功能、支持SVG字体以及新增Camera raw支持等多种功能，为用户提供最优质的制图服务。

多数人对于Photoshop的了解仅限于"一个很好的图像编辑软件"，并不知道它的诸多应用方面，实际上，Photoshop的应用领域很广泛，在图像、图形、文字、视频、出版各方面都有涉及，Adobe Photoshop CC 2017的启动界面，如下图所示。

⓪1 Photoshop的应用领域

　　利用Photoshop可以真实地再现现实生活中的图像，也可以创建出现实生活中并不存在虚幻景象。它可以完成精确的图像编辑任务，可以对图像进行缩放、旋转或透视等操作，也可进行修补、修饰图像的残缺等操作，还可以将几幅图像通过图层操作、工具应用等编辑手法，合成完整的、意义明确的设计作品。

1. 平面设计

　　这是Photoshop应用最为广泛的领域，无论是图书封面，还是招帖、海报，这些平面印刷品通常都需要Photoshop软件对图像进行处理，如图所示为海报设计展示的效果。

2. 修复照片

　　Photoshop具有强大的图像修饰功能，利用这些功能，可以快速修复一张破损的老照片，也可以修复人脸上的斑点等缺陷，如图所示为海报设计展示的效果。

3. 广告摄影

广告摄影作为一种对视觉要求非常严格的行业，其最终成品往往都需要经过Photoshop的修改才能达到满意的效果。

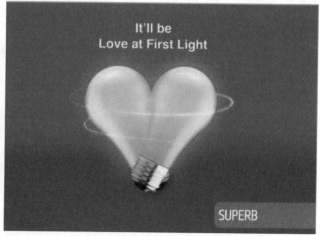

4. 影像创意

影像创意是Photoshop的特长，通过Photoshop的处理可以将不同的对象组合在一起，使图像发生变化。

5. UI设计

网络的普及使更多的人加入到UI设计行业中，这是现在的一个热门领域，受到越来越多的软件企业及开发者的重视。在当前还没有用于做界面设计的专业软件，因此绝大多数设计者都会使用Photoshop来参与设计制作。

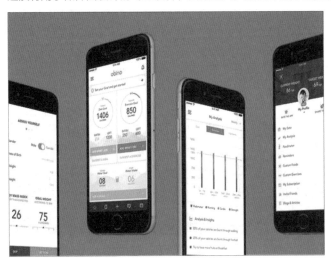
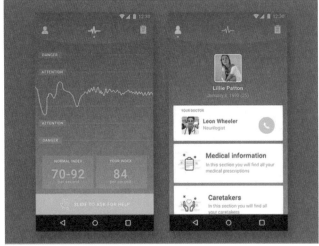

6. 建筑效果图后期修饰

在制作建筑效果图包括三维场景时，人物与配景包括场景的颜色常常需要在Photoshop中增加并调整。

7. 视觉创意

视觉创意与设计是设计艺术的一个分支，此类设计通常没有非常明显的商业目的，但却为广大设计爱好者提供了广阔的设计空间，因此越来越多的设计爱好者开始学习Photoshop，并进行具有个人特色与风格的视觉创作。

8. 绘画

由于Photoshop具有良好的绘画与调色功能，许多插画设计制作者会先使用铅笔绘制草稿，然后用Photoshop填色的方法来绘制插画。

02 Photoshop的操作界面

启动Photoshop CC软件后，可以看到全新的软件界面，如下图所示。

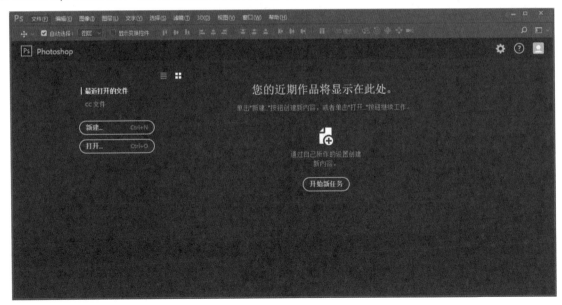

从界面中可以看到，左侧可以打开"新建"和"打开"对话框，当在软件中工作了一段时间后，曾经打开过的图像文件列表会显示在右侧的界面中。需要的话，可以直接单击列表中的图片缩略图，直接将其打开。

当打开一幅图像后，会显示出完整的软件界面，如下图所示。Photoshop CC的工作界面主要由标题栏、菜单栏、工具箱、工具选项栏、调板、图像编辑窗口、状态栏等部分组成。

为了便于读者查看，已经将软件的界面颜色设置为浅色，方法是执行"编辑>首选项>界面"命令，打开"首选项"对话框，在"外观"选项卡下的"颜色方案"选项中选择第三个灰色色块，然后关闭对话框。

1. 菜单栏

菜单栏包含文件、编辑、图像、图层、文字、选择、滤镜、3D、视图、窗口和帮助共11个菜单，每个菜单里又包含了相应的子菜单。

需要使用某个命令时，首先单击相应的菜单名称，然后从下拉菜单列表中选择相应的命令即可。一些常用的菜单命令右侧显示有该命令的快捷键，如"图层>图层编组"命令的快捷键为Ctrl+G，有意识地记忆一些常用命令的快捷键，可以加快操作速度，提高工作效率。

2. 选项栏

在工具箱中选择了一个工具后，工具选项栏就会显示出相应的工具选项，在工具选项栏中可以对当前所选工具的参数进行设置。工具选项栏所显示的内容随选取工具的不同而不同，下图为魔棒工具选项栏。

3. 工具箱

Photoshop CC中的工具箱包含了大量具有强大功能的工具，这些工具可以在处理图像的过程中制作出精美的效果，是处理图像的好帮手，如右图所示。选择"窗口>工具"命令可以显示或隐藏工具箱。

选择工具时，直接单击工具箱中的所需工具即可。工具箱中的许多工具并没有直接显示出来，而是以成组的形式隐藏在右下角带小三角形的工具按钮中，在该工具上方单击鼠标左键不放，即可显示该组所有工具。

知识加油站：使用快捷键可提高工作效率

将光标置于工具图标上停留片刻后，Photoshop CC会显示该工具的名称和切换至该工具的快捷键。记住常用工具的快捷键，可显著提高工作效率。在选择工具时，可配合Shift键，比如魔棒工具组，按下Shift+W快捷键，可在快速选择工具和魔棒工具之间进行转换。

4. 调板

调板是Photoshop CC最重要的组件之一，默认状态下，调板是以调板组的形式停靠在软件界面的最右侧，单击某一个调板图标，就可以打开对应的调板。

使用鼠标单击调板组右上角的双箭头，可以将收缩的调板返回展开状态。单击标题空白位置，可以将调板组拖出单独显示，如下左图所示。单击右上角的"折叠为图标"按钮或"展开面板"按钮，可以控制调板组是否展开。

调板可以自由地拆开、组合和移动，用户可以根据需要随意摆放或叠放各个调板，为图像处理提供便利的条件，如下右图所示。此外，选择"窗口"菜单中的各个调板的名称可以显示或隐藏相应的调板。

单击调板右侧的 ▤ 按钮，会弹出调板菜单，利用调板菜单中提供的菜单命令可以提高图像处理的工作效率。

5. 图像编辑窗口

文件窗口也就是图像编辑窗口，它是Photoshop CC设计制作作品的主要场所。针对图像执行的所有编辑功能和命令都可以在图像编辑窗口中显示，通过图像在窗口中的显示效果，来判断图像最终输出效果。在编辑图像过程中，可以对图像窗口进行多种操作，如改变窗口大小和位置、对窗口进行缩放等。

默认状态下打开文件，文件均以选项卡的方式存在于界面中，用户可将一个或多个文件拖出选项卡单独显示，如下图所示。

若不喜欢文件打开时的选项卡方式，可打开"选项卡"对话框，在对话框左侧单击"工作区"选项，然后取消右侧"以选项卡方式打开文档"和"启用浮动文档窗口停放"选项的选中状态，单击"确定"按钮关闭对话框，然后将PS关闭重新启动一下，这时打开图像文件，文件将不再以选项卡方式打开，恢复到以前老版本的文件打开方式。

6. 状态栏

状态栏位于Photoshop CC中一个打开文档的底部，单击状态栏底部的三角形按钮 ，可弹出右图所示的菜单，从中选择不同的选项，状态栏中将显示相应的信息内容。

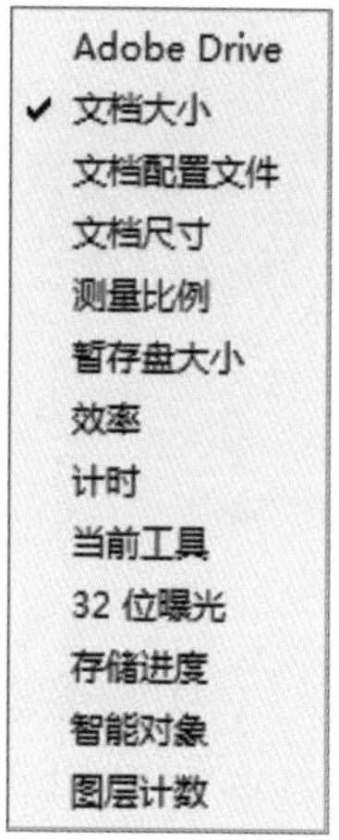

```
Adobe Drive
✓ 文档大小
  文档配置文件
  文档尺寸
  测量比例
  暂存盘大小
  效率
  计时
  当前工具
  32 位曝光
  存储进度
  智能对象
  图层计数
```

状态栏菜单各命令的含义如下：

Adobe Drive	Adobe Drive 可以连接到 Version Cue 服务器。已连接服务器在系统中以类似于已安装的硬盘驱动器或映射网络驱动器的外观显示。在通过 Adobe Drive 连接到服务器时，可以使用多种方法打开和保存 Version Cue 文件。
文档大小	在图像所占空间中显示当前所编辑图像的文档大小情况。
文档配置文件	在图像所占空间中显示当前所编辑图像的模式，如 RGB、灰度、CMYK 等。
文档尺寸	显示当前所编辑图像的尺寸大小。
测量比例	显示当前进行测量时的尺寸比例。
暂存盘大小	显示当前所编辑图像占用暂存盘的大小情况。
效率	显示当前所编辑图像操作的效率。
计时	显示当前所编辑图像操作所用去的时间。
当前工具	显示当前进行编辑图像时用到的工具名称。
32 位曝光	编辑图像曝光只在 32 位图像中起作用。
存储进度	显示当前文档尺寸的速度。
智能对象	显示当前文件中智能对象的状态。
图层技术	显示当前图层和图层组的数量。

SECTION 02

图像处理的基本概念

在学习Photoshop CC的入门阶段，一定要掌握一些关于图像和图形的基本概念，这样有助于读者对软件的进一步学习，也是步入软件学习和作品创作的必要条件。

01 位图和矢量图

计算机记录数字图像的方式有两种：一种是用像素点阵方法记录，即位图；另一种是通过数学方法记录，即矢量图。Photoshop在不断升级的过程中，功能越来越强大，但编辑对象仍然是针对位图。

1. 位图图像

位图图像由许多被称之为像素的点所组成，这些不同颜色的点按照一定的次序排列，就组成了色彩斑斓的图像。图像的大小取决于像素数目的多少，图形的颜色取决于像素的颜色。位图图像在保存文件时，能够记录下每一个点的数据信息，因而可以精确地记录色调丰富的图像，达到照片般的品质，如下右图所示。

位图图像可以很容易的在不同软件之间交换文件，而缺点则是在缩放和旋转时会产生图像的失真现象，同时文件较大，对内存和硬盘空间容量的需求也较高。

小贴示

像素是组成位图图像的最小单位。一个图像文件的像素越多，更多的细节就越能被充分表现出来，从而图像质量也就随之提高。但同时保存时所需的磁盘空间也会越多，编辑和处理的速度也会变慢。

2. 矢量图形

矢量图形又称向量图，是以线条和颜色块为主构成的图形。矢量图形与分辨率无关，而且可以任意改变大小以进行输出，图片的观看质量也不会受到影响，这些主要是因为其线条的形状、位置、曲率等属性都是通过数学公式进行描述和记录的。矢量图形文件所占的磁盘空间比较少，非常适用于网络传输，也经常被应用在标志设计、插图设计以及工程绘图等专业设计领域。但矢量图的色彩较之位图相对单调，无法像位图般真实地表现自然界的颜色变化，如下图所示。

02 分辨率

分辨率对于数字图像的显示及打印等方面，都起着至关重要的作用，常以"宽×高"的形式来表示。分辨率对于用户来说显得有些抽象，一般情况下，分为图像分辨率、屏幕分辨率以及打印分辨率。

1. 图像分辨率

图像分辨率通常以像素/英寸来表示，是指图像中每单位长度含有的像素数目。以具体实例比较来说明，分辨率为300像素/英寸的1×1英寸的图像总共包含90000个像素，而分辨率为72像素/英寸的图像只包含5184个像素（72像素宽×72像素高=5184）。但分辨率并不是越大越好，分辨率越大，图像文件越大，在进行处理时所需的内存和CPU处理时间也就越多。不过，分辨率高的图像比相同打印尺寸的低分辨率图像包含更多的像素，因而图像会更加清楚、细腻。

2. 屏幕分辨率

屏幕分辨率就是指显示器分辨率，即显示器上每单位长度显示的像素或点的数量，通常以点/英寸（dpi）来表示。显示器分辨率取决于显示器的大小及其像素设置。显示器在显示时，图像像素直接转换为显示器像素，这样当图像分辨率高于显示器分辨率时，在屏幕上显示的图像会比其指定的打印尺寸大。一般显示器的分辨率为72dpi或96dpi。

3. 打印分辨率

激光打印机（包括照排机）等输出设备产生的每英寸油墨点数（dpi）就是打印机分辨率。大部分桌面激光打印机的分辨率为300dpi到600dpi，而高档照排机能够以1200dpi或更高的分辨率进行打印。

知识加油站：图像分辨率的设定

图像的最终用途决定了图像分辨率的设定，如果要对图像进行打印输出，则需要符合打印机或其他输出设备的要求，分辨率应不低于300dpi；应用于网络的图像，分辨率只需满足典型的显示器分辨率即可。

03 图像格式

图像文件有很多存储格式，对于同一幅图像，有的文件小，有的文件则非常大，这是因为文件的压缩形式不同。小文件可能会损失很多的图像信息，因而存储空间小，而大的文件则会更好地保持图像质量。总之，不同的文件格式有不同的特点，只有熟练掌握各种文件格式的特点，才能扬长避短，提高图像处理的效率，下面介绍Photoshop中图像的存储格式。

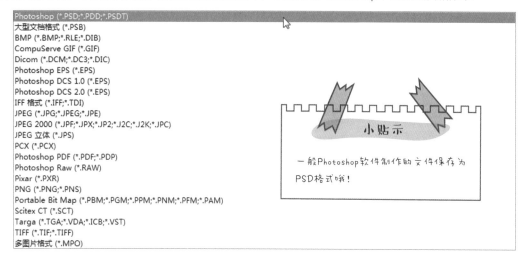

Photoshop CC可以支持包括PSD、3DS、TIF、JPG、BMP、PCX、FLM、GIF、PNTG、IFF、RAW和SCT等20多种文件存储格式。

下面介绍几种常用的文件格式：

● **PSD（*.PSD）**：该格式是Photoshop新建和保存图像文件默认的格式。PSD格式是惟一可支持所有图像模式的格式，并且可以存储在Photoshop中建立的所有的图层、通道、参考线、注释和颜色模式等信息。因此，对于没有编辑完成，下次需要继续编辑的文件最好保存为PSD格式。

知识加油站：3D图层使用范围

使用Photoshop CC制作的某些PSD文件，如3D图层等，不能在一些旧版本的Photoshop中使用，所有这些功能特性在旧版本中将消失。

● **BMP（*.BMP）**：该格式是Windows平台标准的位图格式，很多软件都支持该格式，使用非常广泛。BMP格式支持RGB、索引颜色、灰度和位图颜色模式，不支持CMYK颜色模式的图像，也不支持Alpha通道。

● **GIF（*.GIF）**：该格式也是通用的图像格式之一，由于最多只能保存256种颜色，且使用LZW压缩方式压缩文件，因此GIF格式保存的文件非常轻便，不会占用太多的磁盘空间，非常适合Internet上的图片传输。

- **EPS（*.EPS）**：该是Encapsulated PostScript首字母的缩写。EPS可同时包含像素信息和矢量信息，是一种通用的行业标准格式。
- **JPEG（*.JPEG）**：该格式是一种高压缩比、有损压缩真彩色图像文件格式，所以在注重文件大小的领域应用很广，比如上传在网络上的大部分高颜色深度图像。
- **PDF（*.PDF）**：该格式（可移植文档格式）是Adobe公司开发的，用于Windows、Mac OS和DOS系统的一种电子出版软件的文档格式。
- **PNG（*.PNG）**：PNG是Portable Network Graphics（轻便网络图形）的缩写，是Netscape公司专为互联网开发的网络图像格式，由于并不是所有的浏览器都支持PNG格式，所以该格式使用范围没有GIF和JPEG广泛。
- **Targa（*.TGA；*.VDA；*.ICB；*.VST）**：该格式专用于使用Truevision视频板的系统，MS-DOS色彩应用程序普遍支持这种格式。Targa格式支持带一个Alpha通道32位RGB文件和不带Alpha通道的索引颜色、灰度、16位和24位RGB文件。
- **TIFF（*.TIFF）**：TIFF格式是印刷行业标准的图像格式，几乎所有的图像处理软件和排版软件都提供了很好的支持，通用性很强，被广泛用于程序之间和计算机平台之间进行图像数据交换。

04 图像色彩模式

颜色模式是用来提供将颜色翻译成数字数据的方法，进而使颜色能在多种媒体中得到一致的描述。任何一种颜色模式都是仅仅根据颜色模式的特点表现某一个色域范围内的颜色，而不能将全部颜色表现出来，所以，不同的颜色模式所表现出来的颜色范围与颜色种类也是不同的。色域范围比较大的颜色模式，就可以用来表现丰富多彩的图像。

Photoshop中的颜色模式有8种，分别为位图模式、灰度模式、双色调模式、RGB模式、CMYK模式、索引颜色模式、Lab颜色模式和多通道模式。其中Lab包括了RGB和CMYK色域中所有颜色，具有最宽的色域。颜色模式不仅可以显示颜色的数量，还会影响图像的文件大小，因此，合理地使用颜色模式就显得十分重要。

1. CMYK模式

CMYK模式以打印在纸上的油墨的光线吸收特性为基础。理论上，纯青色（C）、洋红（M）、和黄色（Y）色素合成，吸收所有的颜色并生成黑色，因此该模式也称为减色模式。但由于油墨中含有一定的杂质，所以最终形成的不是纯黑色，而是土灰色，为了得到真正的黑色，必须在油墨中加入黑色（K）油墨。将这些油墨混合重现颜色的过程称为四色印刷。

在准备送往印刷厂印刷的图像时，应使用CMYK模式。将RGB图像转换为CMYK模式即产生分色。如果设计制作时就是从RGB图像颜色模式开始的，则最好先在该模式下编辑，只要在处理结束时转换为CMYK模式即可。在RGB模式下，可以执行"视图>校样颜色"命令模拟CMYK转换后的效果，而不必真的更改图像数据，查看过后，再次执行"校样颜色"命令即可返回RGB颜色模式。用户也可以使用CMYK模式直接处理从高端系统扫描或导入的CMYK图像。

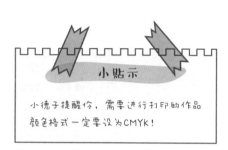

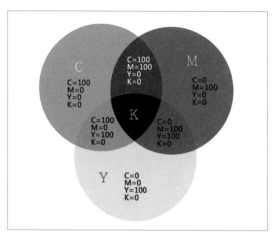

2. RGB模式

红、绿、蓝是光的三原色，绝大多数可视光谱可用红色、绿色和蓝色（RGB）三色光的不同比例和强度混合来产生。在这三种颜色的重叠处产生青色、洋红、黄色和白色。由于RGB颜色合成可以产生白色，所以也称之为加色模式。加色模式一般用于光照、视频和显示器。

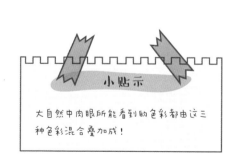

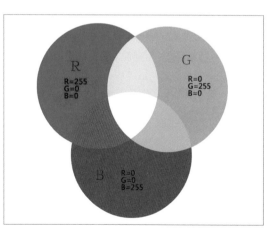

RGB模式为彩色图像中的每个像素的分量指定一个介于0（黑色）~255（白色）之间的强度值。当所有这三个分量的值相等时，结果是中性灰色。新建的Photoshop图像默认为RGB模式。

3. 灰度模式

灰度模式的图像由256级的灰度组成。图像的每一个像素都可以用0～255之间的亮度来表现，所以其色调表现力较强，在此模式下的图像质量比较细腻，人们生活中的黑白照片就是很好的例子。

原图

灰度

4. Lab颜色模式

Lab颜色由亮度分量和两个色度分量组成。L代表光亮度分量，范围为0~100。a分量表示从绿色到红色的光谱变化，b分量表示从蓝色到黄色的光谱变化。该模式是目前包括颜色数量最广的模式，其最大的优点是颜色与设备无关，无论使用什么设备创建或输出图像，该颜色模式产生的颜色都可以保持一致。

学习心得

　　这一课我们学习了Photoshop的应用领域及操作界面，对Photoshop软件有了一定的了解。除了正文中介绍的几种Photoshop的应用领域外，想想看，还有哪些设计领域需要用到Photoshop呢？大家可以到"德胜书坊"微信公号以及相关QQ群中分享你的心得，让我们给那些想要学好图像处理的小伙们一些思路和启发吧！

_____

_____

_____

_____

_____

_____

_____

_____

　　本章中所有欣赏类的图片都出自于设计之家！大家平时可以多欣赏一些优秀的设计作品，见得多，自然设计的思路也会多，多学多练，你也能成为一名优秀的设计师！

Chapter
02

图像处理第一步

没有平日的失败，

就没有最终的成功。

重要的是分析失败原因吸取教训。

素材如何在PS中来去自如？

在学习如何运用Photoshop CC处理图像之前，了解各种素材的应用才是最重要的，下面小德子将和同学们深入了解各种素材的打开方式及文件格式的储存。

01 各种格式素材的打开方式

在设计作品时，常常需要利用很多的素材进行合成，而利用素材制作作品能够更加节约时间，提高工作效率，起到事半功倍的效果。目前，大多数朋友常用到的素材格式有JPEG、PNG、PSD，这里将对它们的打开方式进行介绍。

1. 打开JPG图片

不管设计与否，JPG格式都是人们在互联网中最常见的一种图画格式，JPEG图片以24位颜色存储单个位图，JPEG是与平台无关的格式，支持最高级别的压缩，不过，这种压缩是有损耗的。

JPG图片的重要性：除了图像处理必须选择JPG图像以外，往往一个作品的好坏和最不起眼的图片也有着重大的关系，首先图片的选择与设计主题一定要有关联，然后图片要清晰，布局要舒适。

在Photoshop软件中，JPG图像的打开方式非常简单。找到一张你需要在Photoshop软件中打开的图片❶，打开Photoshop软件，之后进行以下操作：执行"文件>打开"命令；❷在打开的对话框中找到图片所在的位置；❸单击"打开"按钮即可。

风景 ❶

❷

❸

2. 打开PNG图片

PNG是Portable Network Graphics（轻便网络图形）的缩写，是Netscape公司专为互联网开发的网络图像格式，由于不是所有的浏览器都支持PNG格式，所以该格式使用范围没有GIF和JPEG广泛。

在制作作品时，尤其是合成作品用的最多的便是PNG图片，不甚了解的小伙伴肯定很疑惑，PNG格式的图片究竟长什么样子？有什么便捷之处？

如果只是想要打开图片，PNG和JPG格式的打开方式完全相同。当你寻找的素材为一张PNG格式的图片时，可以节省很大一部分的处理时间，因为PNG图片最大的一个特点是图像背景为透明的，图像中某些部分不显示出来，可用来创建一些有特色的图像。在制作作品过程中，可直接将PNG图片拖曳至Photoshop软件正在编辑的文档中，既方便又快捷。

下方是一张PNG图片，我们来看看具体应用时会有什么样的效果？

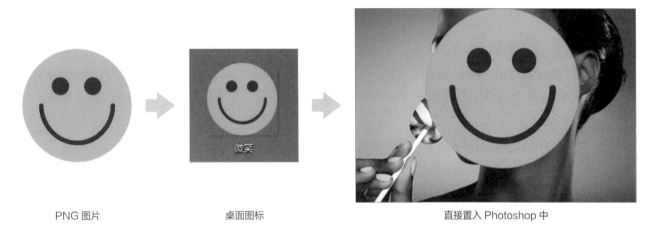

PNG 图片　　　　　　　桌面图标　　　　　　　　　直接置入 Photoshop 中

当PNG为原图像定义256个透明层次，使得彩色图像的边缘能与任何背景平滑地融合时，可以彻底地消除锯齿边缘。这种功能是GIF和JPEG没有的。

3. 打开PSD（*.PSD）文件

PSD格式是惟一可支持所有图像模式的格式，并且可以存储在Photoshop中建立的所有的图层、通道、参考线、注释和颜色模式等信息。因此，对于没有编辑完成，下次需要继续编辑的文件最好保存为PSD格式。但由于PSD格式所包含的图像数据信息较多，所以尽管在保存时会压缩，但是仍然要比其他格式的图像文件大很多。

PSD格式的文件打开方式和其它文件的打开方式是一样的。但是小德子要给大家介绍一个简单的打开PSD格式文件的操作：❶找到PSD文件所在的位置；❷双击文件即可快速打开，在软件未启动的情况下也可以哦！

02 文件储存选对正确格式

做好的东西，没有保存，欲哭无泪。做好一半保存了，但是格式保存错误，无法继续制作或修改，自己犯的错跪着也得重做。小德子郑重提醒大家，做完一定要保存，不但保存还得保存为正确的格式。

1. 新建作品

新建文件后，千万不要急急忙忙开始制作作品，要记得先保存哦。

执行"文件>存储"命令；在打开的"另存为"对话框中对作品进行命名并选择文件保存路径；单击"保存"按钮。

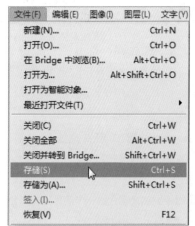

2. 制作完成时

制作完成后，不要直接关闭，执行"文件>存储"命令或按Ctrl+S组合键进行保存，再次保存时将不弹出"存储为"对话框，而会直接保存最终确认的结果，并覆盖原始文件。在制作过程中，小德子建议大家每15分钟保存一次，防止软件无响应或电脑崩溃等不可预知的因素，而导致文件未保存。

若不小心单击了关闭按钮也没关系，Photoshop软件会弹出是否在关闭之前存储文档的更改提示框，此时单击"是"按钮为保存；若选择了"否"，更改好的文件则不会被保存；若选择了"取消"，便是取消关闭的意思。

小贴示

没有保存，白做啦！

3. 想要打印、预览或保存为其他文件

如作品制作完成时想要打印或者是在电脑上预览，应将其存储为其他格式，执行"文件>存储为"命令，将弹出"存储为"对话框，选择想要保存的文件格式（JPG或PNG）重新保存即可。

如要保留修改过的文件，又不想覆盖之前已经存储过的原文件，也可以执行"文件>存储为"命令，弹出"存储为"对话框，在对话框中为修改过的文件重新命名，并设置文件的路径和类型。设置完成后，单击"保存"按钮，修改过的文件会被另存为一个新的文件。

SECTION
02

CHAPTER 02　图像处理第一步

图像的基本编辑须知道

使用Photoshop软件中的各种工具在编辑图像时，可以实现对绘制图像及对图像细节进行移动、修改、查看等操作。

01 多种移动方式

在Photoshop中，不仅可以对图层中的图像进行移动，还可以对绘制过程中的选区、路径进行移动，下面将详细介绍这几种移动方式。

1. 移动背景图层

很多小伙伴刚接触Photoshop软件时，不知道该如何移动背景图层，很多软件教程书中也并未对其进行介绍。

单击"选择工具"工具，选择需要移动的对象时，总是弹出提示框，提醒不能使用移动工具，因为图层已锁定，但是根据提示单击"确定"按钮，继续移动还是会出现该提示，如右图所示。

那是因为刚打开的图像会被默认为背景图层而被锁定，需要对其进行解锁才可以像一般图层一样进行移动。

下面小德子将以实际操作对背景图层进行讲解。

Step 01 选择一张图片并在Photoshop中打开，此时此图层在"图层"面板中的效果如右图所示。

Step 02 双击背景图层，弹出"新建图层"面板对其进行命名，单击"确定"按钮即可解锁。

Step 03 此时选择"移动工具"即可开始移动。

知识加油站：移动命令的操作方法

按住鼠标左键并拖动，将其进行移动。也可在选中对象的状态下，按键盘的上、下、左、右方向键进行位置的微调。如果要进行精准的移动，可以选中要移动的对象执行"对象>变换>移动"命令或按Ctrl+Shift+M组合键，弹出"移动"面板，并对移动的距离、角度进行精确的设置。

2. 移动选框

使用工具绘制选区或使用载入选区的方法载入选区时，也是可以对其进行移动的，当要绘制图形外轮廓时，可以按照下面讲述的方法操作。

Step 01 寻找一张PNG格式的图片，将其在Photoshop中打开。

Step 02 在"图层"面板中单击该图层的缩览图，对其执行载入选区操作。

Step 03 选择矩形选框工具，将光标移动至选区内，按住鼠标左键同时按Shift键水平移动至其右侧位置。

载入后

移动后

Step 04 单击鼠标右键，在打开的快捷菜单中选择"描边"选项。

Step 05 在打开的"描边"对话框中设置描边粗细与描边颜色。

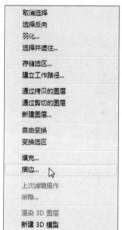

此操作只是教小伙伴们如何通过移动选区的方式描边选区，绘制外轮廓。若实际运用绘制图形应新建图层后进行描边操作。

Step 06 单击"确定"按钮，确定描边。按Ctrl+D组合键取消选区，此时可以看到描边效果。

3. 移动路径

在使用钢笔工具绘制图形的时候，不仅可以对路径进行修改，还可以随意移动路径，随小德子一起来看看具体操作吧！

Step 01 选择工具箱中的钢笔工具 ⬦，在绘图区绘制需要的图形形状。

Step 02 在工具箱中选择直接选择工具 ▶，选中路径并将其移动至合适位置即可。

⑫ 图像的随意变形

使用Photoshop进行合成图形或图像时，经常会对图像进行大小、角度、透视等变换操作，使图像在画面中更加协调。使用变换命令可以很轻松地对图像进行上述变换操作，下面将对其中几种常用的变形方式进行讲解。

1. 变换命令

执行"编辑>变换"命令，在弹出的子菜单中可以选择缩放、旋转、斜切、扭曲、透视和变形等选项，从而对图像进行相应的操作。

原图 　　　　　　 缩放 　　　　　　 旋转 　　　　　　 斜切

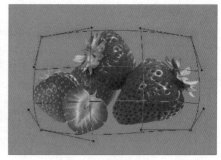

| 扭曲 | 透视 | 变形 |

执行"编辑>自由变换"命令与执行"变换"命令具有同样的效果，执行该命令后右击鼠标可对图形进行缩放、斜切、扭曲、透视、变形等13种变形方式。

知识加油站："再次"命令的使用方法

在使用过一次"变换"命令之后，使用"再次"命令可以重复上一次进行的变换操作，执行"编辑>变换>再次"命令，或按下Shift+Ctrl+T组合键，即可应用"再次"命令。

在此小德子以一个逗趣的合成图给大家展示一下"再次"命令的神奇功能。

Step 01 启动Photoshop CC软件，执行"文件>打开"命令，打开素材文件"风景照.jpg"。

Step 02 使用同样方法置入素材文件"人物.png"，调整其位置。

 +  =

卡通人物结合真实风景照也很有趣。

Step 03 执行"编辑>变换>缩放"命令，对其大小进行调整，按Enter键确认变换操作。

Step 04 按Shift+Ctrl+T组合键，再次进行缩放的变换，直至满意为止。

合成图

变换一次

再次变换

2. 应用缩放、旋转、透视、变形

下面小德子将利用缩放、旋转、透视、变形四种变换形式，制作一个合成案例。

Step 01 打开图片。执行"文件>打开"命令或按Ctrl+O组合键，打开素材文件"原图"。

Step 02 选择横排文字工具，输入文字并在"字符"面板中设置字体、字号。

Step 03 在"图层"面板中的"文字"图层上右击鼠标，在弹出的快捷菜单中执行"栅格化文字"命令。

Step 04 执行"编辑>变换>缩放"命令，将文字缩小，按Enter键确认变换并调整至杯子的中间位置。

Step 05 执行"编辑>变换>变形"命令，在属性栏中选择"上弧"选项，调整文字上方的弧度后，按Enter键确定变形。

Step 06 执行"编辑>变换>变形"命令，在属性栏中选择"下弧"选项，调整文字下方的弧度后，按Enter键确定变形。

文字与杯子形态要一致哦

Step 07 在"图层"面板中设置此图层的图层混合模式为"正片叠底",将其颜色与背景里的杯子颜色相互融合。

Step 08 单击"图层"面板右下角的"创建新图层"按钮,新建"图层 1",并设置前景色为白色。

Step 09 单击工具箱中的自定形状工具 ,在属性栏中的"形状"面板中选择"波浪"形状。

Step 10 在绘图区,单击鼠标左键并拖拽鼠标绘制波浪图形。

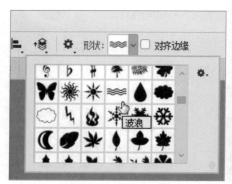 

Step 11 复制"图层1"为"图层1拷贝"图层，选择工具箱中的移动工具，按Shift键垂直移动复制的波浪图形。

Step 12 在"图层"面板中按Shift键加选两个形状图层，按Ctrl+E组合键合并两个图层。

Step 13 在"图层"面板中的"形状1拷贝2"图层上单击鼠标右键，在打开的快捷菜单中执行"栅格化图层"命令。

Step 14 执行"编辑>变换>旋转"命令，将图形旋转90°，按Enter键确认变换。

Step 15 在"图层"面板中设置"形状1拷贝2"图层的混合模式为"叠加"。

Step 16 执行"滤镜>模糊>动感模糊"命令，在打开的"动感模糊"对话框中设置模糊距离参数。

Step 17 单击"确定"按钮，应用动感模糊效果，制作水蒸气的效果。

Step 18 选择工具箱中的涂抹工具，在输入法为英文状态下，按"["与"]"键对涂抹工具的大小进行设置，水蒸气的位置涂抹，制作水蒸气上升的自然效果。

Step 19 在水蒸气不明显的制作不明显的状态下，可以将其图层复制。

Step 20 按Shift键，选中两个水蒸气图层，按Ctrl+E组合键，将其合并。

Step 21 单击"图层"面板左下方的"添加图层蒙版" ■ 按钮，为其添加一个蒙版。

Step 22 选择工具箱中的画笔工具，设置前景色为黑色，在蒙版中进行涂抹，去掉水蒸气与杯子重合的部分。

Step 23 在"图层"面板中设置该图层的不透明度为49%，调整水蒸气的逼真效果。

制作水蒸气最重要的就是层次感

03 图像的细节查看

在绘制大型图像或者处理图像时，想要深入修饰与处理图像，需要对图像进行放大与缩小、移动、旋转画布等操作，这里的放大、缩小与变换中的放大、缩小是不一样的。变换中的放大、缩小是对选中的图层的放大与缩小，而接下来小德子所讲的是对画布的放大与缩小。

1. 放大、缩小画布

选择工具箱中的缩放工具，单击画布对其进行放大；按Alt键单击鼠标左键对其进行缩小。放大画布的快捷键为Ctrl+键盘中的加号键"+"；缩小画布的快捷键为Ctrl+键盘中的减号键"−"。使用快捷键对画布进行放大缩小操作更加方便快捷。

位图不要过于放大

2. 移动画布

在对画布进行缩放之后，因显示区域有限，无法查看其他已经超出区域的画面，此时可使用Photoshop中的抓手工具进行拖拽查看，或按快捷键空格键的同时，单击鼠标左键进行拖拽查看。

3. 旋转画布

选择工具箱中的旋转视图工具或按快捷键R，单击鼠标左键拖动鼠标进行画布的旋转，绘画手残党必备的绘图功能~想要恢复视图的正常角度，在旋转式图工具属性栏中单击"复位视图" 复位视图 按钮即可。

旋转后

SECTION 03 教你正确的图片传输方法

作品在电脑上制作完成，想在手机、平板上查看效果怎么办？做好作品，想要传输到网页上炫耀炫耀，可是高清图片居然变得模糊不清，颜色也不对，怎么办？做好方案，想要给远在千里之外的领导查看效果图，或者传给厂家打印输出，图像质量却受损严重，怎么办？这些问题小德子来帮你通通解决。

01 电脑/手机/平板快速传输

其实图像在电脑、平板、手机中是可以互相传输的，而且非常的便捷方便，自己也可以快速预览作品效果。

进行图像预览时，一般求不会太高。而想要无色差的预览，需要将图像颜色格式转换为RGB格式或保存图像格式为PNG。

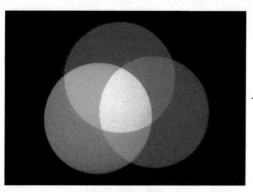 ＋ 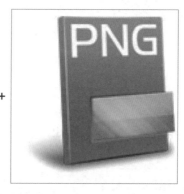 ＝ 色差与像素损失

为什么要转换为RGB？RGB为LED屏幕的光源色，所以只要是用于屏幕预览效果，色差都不会太大。

为什么要将图像格式保存为PNG？PNG的的英文名称为Portable Network Graphics，即便携式网络图片。什么叫PNG呢？这是安卓开发的一种特殊图片，这种格式的图片在Android 环境下具有自适应调节大小的能力。

1. 电脑传输给手机

在图像内存不高的情况下，可直接使用聊天软件，如腾讯QQ、微信、TIM等直接传输即可，小德子将以TIM电脑传输给手机QQ的方式给大家展示具体操作。TIM是QQ办公简洁版，是一款专注于团队办公协作的跨平台沟通工具，操作上与QQ传输文件是一致的。

Step 01 打开TIM软件，找到联系人按钮。

Step 02 从TIM左侧展开面板中找到"我的设备"，单击"我的设备"左侧的下拉按钮。

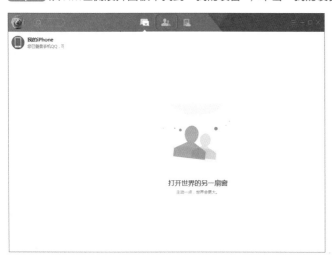 

Step 03 在设备选项中单击需要传输的设备。

Step 04 单击右侧的设备面板中的"发送文件"按钮。

 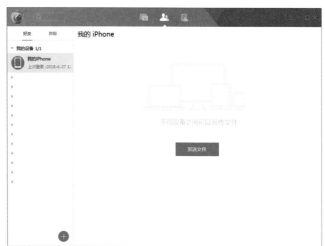

Step 05 打开聊天窗口，点击左下角的"发送"按钮，在打开的"打开"面板中选择需要传输的图像文件。

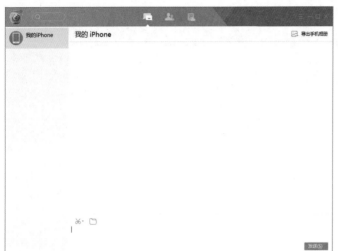 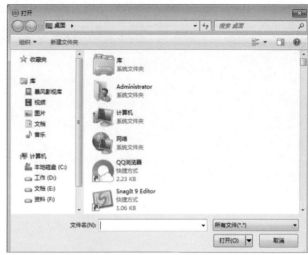

Step 06 单击"打开"按钮即可立即发送。若图像较大还可以通过截图的形式，在TIM中粘贴发送即可。

2. 手机传输给电脑

不少设计发烧友在使用手机浏览网页、微博时，看到优秀的作品、图片、创意等都会下意识地保存在手机里，然后将其发送至电脑中建立属于自己的素材库。浪费很多时间寻找素材的设计师，很难成为一名优秀的设计师，所以一定要留心观察，随时记得保存素材。下面将以手机QQ传输图像给电脑的方式给大家展示具体操作。

Step 01 打开手机QQ，找到联系人按钮单击"设备"选项，并选择需要传输的设备。

Step 02 在打开的"我的电脑"聊天面板中，点击文件夹按钮。

Step 03 在打开的"本机文件"面板中，选择"相册"选项，点击"发送"按钮即可。

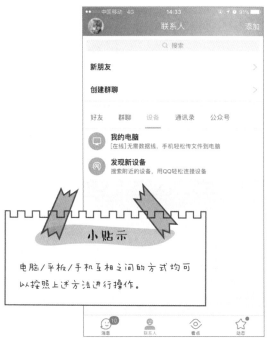

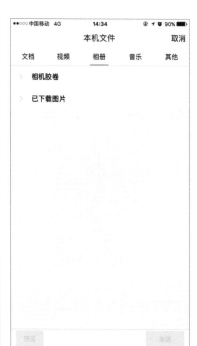

02 还在为图片失真而烦恼吗？

很多小伙伴在做完作品时，急急忙忙地保存一个JPG格式直接传输给领导，却不知等作品传输给领导时，已经高度失真，质量严重损失，若用于打印输出，直接使用网络传图也是不可以的。下面小德子将介绍两个快速、方便的操作方法帮大家伙解决图片传输失真的问题。

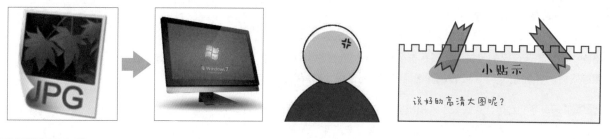

说好的高清大图呢？

1. 万能的聊天工具

同样还是使用QQ传输图像，若是直接将图片拖拽到聊天窗口中发送，那就相当于"裸奔"呀，图像的质量会被直接压缩，即便下载的是原图也存在图像损失的问题。

那应该如何解决这个问题？

Step 01 解决"裸奔"只用一个方法就可以，就是为"它"穿上一件衣服。在桌面空白处单击鼠标右键，选择"新建文件夹"选项。

Step 02 将需要传输的图片拖入文件夹内，选中文件夹单击鼠标右键，执行"添加到压缩文件"命令，当然前提是已安装压缩软件。

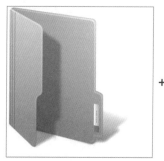
+

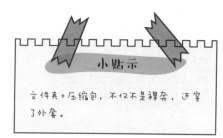

文件夹+压缩包，不仅不是裸奔，还穿了外套。

Step 03 将压缩文件直接拖入发送对象的聊天窗口，直接发送，对方接收后解压即可。

2. 传统发送方式

有一种传输方式似乎被人遗忘，那便是邮件，在没有U盘以及其他外接设备的情况下，使用邮件传输是最有保障的，邮件具有记录存储功能，只需录入一次地址，就会自动保存记录。

学习心得

　　这一课我们学习了素材在Photoshop中灵活应用、图像的基本编辑方式、图像的正确传输方式。其中除了文中提到的两种传输图像不会失真的方法，想想看，还有哪些简单、方便，且传输图像不会失真的方法呢？大家可以到"德胜书坊"微信公号以及相关QQ群中分享你的心得，让我们给那些想要学好图像处理的小伙们一些思路和启发吧！

_____

_____

_____

_____

_____

_____

_____

_____

_____

_____

_____

_____

　　为什么搜图的质量没有别人好？不要忽略强大的图片搜索引擎，随时关注哪些网站的图片质量高，使你的私人素材库丰富起来。

修图没它真不行

正确的道路是这样：

吸取你的前辈所做的一切，

然后再往前走。

SECTION 01 你真的会用选区吗？

很多人知道选区但并不了解选区，选区并不仅仅局限于绘图、填色等简单的操作，真正的了解选区之后会发现通过其他工具与选区的结合可产生强大的效果。选区的使用大大方便了对图像局部的操作，创建选区可保护选取外的图像不受其他操作的影响。

01 选用对的工具

在Photoshop中，选区工具可以分为三种类型。第一种类型是创建规则选区的工具；第二种类型是创建不规则选区的工具；第三种类型是基于色彩创建选区的工具。

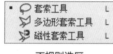

规则选区　　　　　　　　　不规则选区　　　　　　通过颜色创建选区

1. 规则选区

规则选区工具可以创建出矩形、椭圆等集合图形，并通过填充、描边、剪切等方法制作出不同的效果。创建规则选区工具主要包括矩形选框工具、椭圆选框工具、单行选框工具、单列选框工具。为方便观看此处用浅红色标记。

单行

单列

下面小德子将利用椭圆选框工具为图像绘制柔美光感。

Step 01 启动Photoshop CC软件，执行"文件>打开"命令，打开素材文件"外景.jpg"。

Step 02 选择工具箱中的椭圆选框工具，在其属性栏中设置"羽化"参数为75，并在"图层"面板中新建一个图层。

Step 03 双击前景色，在打开的"拾色器（前景色）"面板中设置颜色参数。

Step 04 拖动鼠标在图像左上角绘制一个椭圆选区，因羽化值很大绘制区域可小一些。

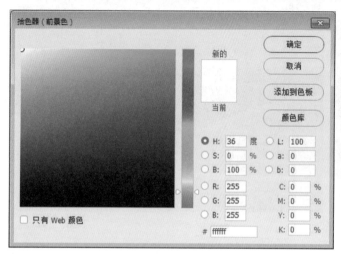

Step 05 按Alt+Delete组合键，填充前景色，调整其位置与大小。

Step 06 在"图层"面板中选择背景层，按Ctrl+C组合键复制，按Ctrl+V组合键粘贴。

Step 07 按Shift键选中"背景 拷贝"图层与"图层1",按Ctrl+E组合键将其合并为一个图层。

Step 08 执行"图像>调整>曲线"命令,在打开的"曲线"对话框中设置曲线参数,增加色调之间的对比度。

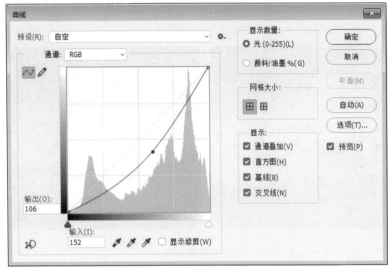

Step 09 单击"确定"按钮,查看调整前后的对比效果。

调整前

调整后

2. 不规则选区

使用不规则选区工具可以创建任意选区，创建不规则的选区工具包括套索工具、多边形套索工具和磁性套索工具。不同的选区工具操作方法各有不同，应对应其擅长的优势来选择适合工具绘制选区。

一般情况下可以利用套索工具组的工具进行抠图、填色、调色等操作，下面看看其各自的效果。

下面小德子以磁性套索为例为大家讲解抠图原理。

Step 01 启动Photoshop CC软件，执行"文件>打开"命令，打开素材文件"高跟鞋.jpg"。

Step 02 按Ctrl+J组合键，复制背景图层，在"图层"面板中可以查看复制的图层效果。

Step 03 选择工具箱中的磁性套索工具，沿高跟鞋的轮廓线绘制选区路径。

Step 04 按Ctrl+C组合键复制区域内图像，按Ctrl+V组合键粘贴区域内图像。

Step 05 选择工具箱中的渐变工具，在其属性栏中设置渐变类型为"径向渐变"，并单击左侧的拾色器按钮，打开"渐变编辑器"对话框，设置自己喜欢的渐变颜色。

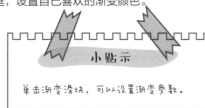

小贴示

单击渐变滑块，可以设置渐变参数。

Step 06 单击"图层"面板中右下角"创建新图层"按钮或按Ctrl+G组合键，新建一个图层，并将其移动至"图层2"的下方。

Step 07 单击"确定"按钮，在绘图区，从中心向右侧拖动鼠标应用渐变效果。

Step 08 也可以在网上下载自己喜欢的背景进行搭配，一般合成图像时需要这样的操作。

3. 基于色彩创建选区

看了这么多，同学们肯定会问，难道就没有一键选取、既方便又快捷的选区工具吗？小德子告诉大家：有，接下来所讲的两种工具，便具备同学们所说的功能。基于色彩创建选区的工具为魔棒工具 和快速选择工具 ，使用这两种工具在图像上单击，即可将图像中同样颜色的区域创建为选区。

小贴示

魔棒工具与快速选择工具具备同样的效果，他们之间的区别在于魔棒工具是通过单击选取区域，快速选择工具则是通过拖拽鼠标的方式进行选取区域，且可以通过设置画笔大小确定选区范围。

知识加油站：利用设置容差的技巧精准创建选区

小德子教你们一个精准选区的方法，在创建选区之前，可以在属性栏中通过设置容差值来设置选区的选择范围。容差值并不是越小越好，应该根据实际需要来进行设置。如果要创建的选区对象颜色复杂，而其他部分图像颜色相差较大，可以将容差值设置为较大状态。而如果需要创建的选区对象颜色比较单一，应设置容差值为较小的状态。如果小伙伴还不懂就看下方的操作效果，一目了然。

Step 01 在Photoshop CC软件中打开一张需要创建选区的图片，选择魔棒工具在其属性面板中设置其容差值为"0"，单击图像需要创建选区的某一部分，此时只能选区颜色相同的部分。

Step 02 按Ctrl+D组合键，取消之前创建的选区，将魔棒工具的容差值调整到"10"，再次在图像中单击，此时可以看出选区范围扩大。

Step 03 取消选区，将容差值调整到"50"的时候，此时可以看到一侧颜色相接近的区域全部被选中。

容差为 0

容差为 10

容差为 50

02 4种选区用法需知道

规则选区工具与不规则选区工具虽然使用方法不同，但其属性面板中都有一个关于选区的设置，分别为新选区、添加到选区、从选取中减去、与选区交叉。选区工具通过这些按钮的结合可以创建出自己想要的选区。

❶ **"新选区"按钮**：单击此按钮，在创建选区时只能创建一个规则或者不规则的选区，第二次创建选区时，之前创建的选区会被取消。

❷ **"添加到选区"按钮**：单击该按钮，可以分多次创建不同的选区，也可以将多个选区组合为一个选区。

❸ **"从选取中减去"按钮**：单击该按钮，创建选区后，第二次再创建选区时，第一次创建的选区和第二次创建的选区相交区域将会被减去。如果两个选区没有相交区域，则第一次创建的选区不会发生改变。

❹ **"与选区交叉"按钮**：单击该按钮，创建选区后，第二次创建的选区如果和第一次创建的选区相交，则只保留相交的部分。如果没有相交区域，则两个选区都将不可见。

SECTION 02 选区这样用，你造吗？

上面了解了部分创建选区的方法及各种选区工具的应用，在制作案例时可以尝试各种选区工具的相互结合，总结不同图像处理方法的经验。

01 改变图像颜色

很多小伙伴似乎不太了解"色彩范围"命令的功能，甚至很少接触。使用"色彩范围"对话框，可以选择当前选区或整个图像中指定的颜色或者色彩范围，下面小德子将通过实际操作案例向大家讲解"色彩范围"命令的应用。

Step 01 启动Photoshop CC软件，打开素材文件"欧式沙发.jpg"。

Step 02 执行"选择>色彩范围"命令，在"色彩范围"对话框中设置容差值为"200"，并在图像中自取橘红色部分。

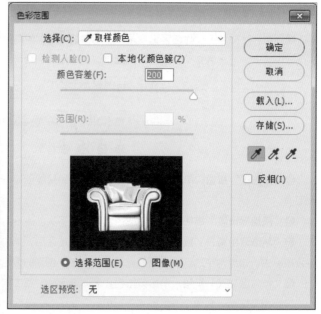

Step 03 完成后单击"确定"按钮，即可将图中的橘红色区域选中。

Step 04 执行"图像>调整>色相/饱和度"命令，在打开的"色相/饱和度"对话框中设置"色相"为"-85"。

Step 05 完成后单击"确定"按钮，即可调整图像中选区部分的饱和度。

Step 06 执行"选择>取消选择"命令，即可取消选区。至此，调整图像颜色案例制作完成。

02 制作网格效果图像

使用单行选框工具或单列选框工具时，结合矩形选框工具,可以创建出具有网状效果的图像，使图像更具有艺术效果。小伙伴们和小德子一起来试试吧。

Step 01 启动Photoshop CC软件，按Ctrl+O组合键，打开素材文件"风景照.jpg"。

Step 02 选择工具箱中的单行选框工具，在其属性栏中单击"添加到选区" ⬚ 按钮，在图像中多次单击，创建连续的选区。

Step 03 设置前景色为黑色，在"图层"面板中创建一个新的图层，按Alt+Delete组合键填充前景色。

Step 04 选择工具箱中的单列选框工具，在其属性栏中单击"添加到选区"按钮，在图像中多次单击，创建连续的选区。

Step 05 在"图层"面板中创建一个新的图层，按Alt+Delete组合键填充前景色。

Step 06 新建图层，设置前景色为白色，选择工具箱中的矩形选框工具，在图像上绘制矩形选区。

Step 07 在矩形选框工具属性栏中单击"添加到选区" 🗖 按钮，继续在图像上绘制矩形选区。

Step 08 按Alt+Delete组合键填充前景色。

Step 09 在"图层"面板中设置不透明度为40%，并按Ctrl+D组合键取消选区。至此，本案例制作完成。

03 替换晚霞背景

下面小德子将为大家介绍如何使用"色彩范围"命令替换天空背景图片。

Step 01 启动Photoshop CC软件，按Ctrl+O组合键，打开素材文件"建筑照.jpg"。

Step 02 执行"选择>色彩范围"命令，在打开的"色彩范围"对话框中，使用吸管吸取图像中的天空颜色。

Step 03 在"色彩范围"对话框中单击"添加到取样" 🖌 按钮，继续吸取天空颜色。单击"确定"按钮，创建选择的区域。

Step 04 按Ctrl+C组合键复制选区中的图像，按Ctrl+V组合键粘贴选区中的图像。

Step 05 将素材文件"晚霞.jpg"拖拽至当前文档中，调整位置及大小。

Step 06 按Alt键将鼠标光标定位于"图层1"与"图层2"中间，单击鼠标左键创建剪切蒙版。

小贴示

虽然建筑上也有晚霞，但不需要担心，Photoshop是万能的。

Step 07 选中"图层"面板中的"图层1"，单击"图层"面板左下角的添加"图层蒙版"按钮 🔲，为其添加蒙版。

Step 08 选择工具箱中画笔工具，调整画笔大小，在建筑物上进行涂抹，隐藏不需要的部分。

Step 09 此时合成已完成，但图片对比度不够强。按Ctrl+Shift+Alt+E组合键，创建盖印图层，并将盖印图层调整至图层最上方。

Step 10 执行"图像>调整>曲线"命令，在打开的"曲线"面板中设置曲线调整参数。

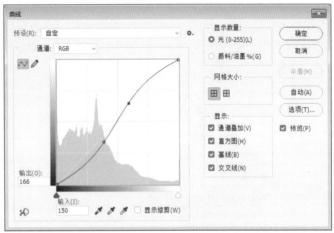

Step 11 单击"确定"按钮，应用曲线调整。

扫描延伸阅读

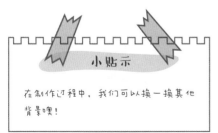

小贴示

在制作过程中，我们可以换一换其他背景噢！

⑭ 艺术化合成图像的制作

使用选区工具并结合编辑选区功能，用户可以对选区内的图像进行调整，通过素材的合成制作艺术化效果。

扫描延伸阅读

Step 01 启动Photoshop CC软件，按Ctrl+O组合键，打开素材文件"冰块.jpg"。

Step 02 在"图层"面板中对背景图层进行解锁，并新建图层调整至下一层，填充颜色为白色。

Step 03 在"图层"面板中选择"图层0"，选择工具箱中的魔棒工具，在白色区域单击创建选区。

Step 04 单击鼠标右键在弹出快捷菜单中执行"选择反向"命令，将选区进行反转。

Step 05 单击鼠标右键在弹出快捷菜单中执行"羽化"命令或按 Shift+F6组合键，在打开的"羽化选区"对话框中设置参数。

Step 06 单击"确定"按钮，应用羽化效果，按Ctrl+J组合键复制选区图像。

Step 07 执行"文件>打开"命令，打开素材文件"草莓.jpg"。

Step 08 选择工具箱中的魔棒工具，在白色区域单击创建选区。

Step 09 在魔棒工具属性栏中单击"添加到选区"按钮，继续单击草莓阴影处，并执行"选择反向"命令。

Step 10 按Ctrl+J组合键复制选区中的图层，并将其拖拽至"冰块"文档中。

Step 11 按Ctrl+T组合键，缩放其大小及旋转其角度，按Enter键确定变换，并调整其至合适位置。

Step 12 在"图层"面板中，将"图层3"调整至"图层2"的下方。

Step 13 选中"图层2"，单击"图层"面板左下角"添加图层蒙版"按钮，为图层添加蒙版。

Step 14 使用画笔工具在冰块上面进行涂抹，使其显示下层草莓图像，制作冰冻草莓效果。

Step 15 执行"文件>打开"命令，打开素材文件"水果.jpg"。

Step 16 选择工具箱中的磁性套索工具，沿橙子外轮廓进行绘制，创建区域。

Step 17 按Shift+F6组合键打开"羽化选区"对话框并设置羽化参数为2像素，按Ctrl+J组合键复制选区内图像。

Step 18 使用移动工具拖拽其至"冰块"文档，并调整其大小、位置、角度。

Step 19 将其调整至"图层2"下方,选中"图层2"的蒙版,使用画笔工具在冰块上面进行涂抹,使其显示下层橙子图像,制作冰冻橙子效果。

Step 20 复制"图层4",将其移动至右下角的冰块处,变换其大小、角度,使用同样的方法制作冰冻效果。

Step 21 使用拖拽的方法置入素材文件"水花.jpg",按Ctrl+T组合键对齐进行变换,调整大小、位置及角度。

Step 22 在"图层"面板中将其调整至"图层2"的下方，因颜色差异问题，执行"图像>调整>色相/饱和度"命令，在打开的"色相/饱和度"对话框中调整色相参数为+24。

Step 23 按Ctrl+J组合键复制"水花"图层，调整其大小、位置及角度。至此，本案例制作完成。

SECTION 03 利用选区做手脚

利用选区修图时也可以结合自己的创意哦，可以增加恶搞气氛。

01 给脸部动个手术

看到喜欢的明星照、人物照，是不是特别的兴奋，其实可以通过PS修图将他们的照片换成自己的脸或者别人的脸，大家可以尝试一下。

P图前

P图后

Step 01 启动Photoshop CC软件，按Ctrl+O组合键，打开素材文件"模特1.jpg"。

Step 02 单击"背景"图层右侧的解锁按钮，对其进行解锁并按Ctrl+J组合键复制图层。

Step 03 按Ctrl+O组合键，打开另一张带有脸部的素材文件"模特2.jpg"。

Step 04 在"图层"面板中，改变其不透明度值，便于查看下方美女面部五官的位置。

Step 05 按Ctrl+T组合键调整"图层1"的位置大小，与下方美女的面部五官大小位置相一致，按Enter键确定变换。

Step 06 选择工具箱中的套索工具，在其属性面板中设置羽化值为5像素，并在人物面部绘制大概的区域。

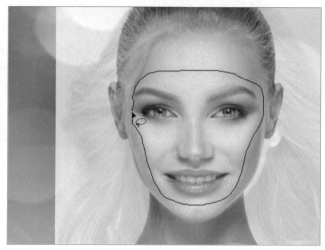

Step 07 将"图层1"的不透明度调整为100%，按Ctrl+J组合键复制选区内的图像。

Step 08 选中"图层1"按Delete键将"图层1"删除，此时可以看到2个人物脸部的大概结合。

Step 09 由于2个人物脸部的肤色不一致所以我们现在需要对其进行调整，按Ctrl键单击"图层2"的缩览图，选中"图层 0拷贝"图层，并按Ctrl+J组合键复制选区内图形，便于接下来的调整人物肤色的操作。

Step 10 执行"图像>调整>匹配颜色"命令，在"匹配颜色"对话框中设置参数。

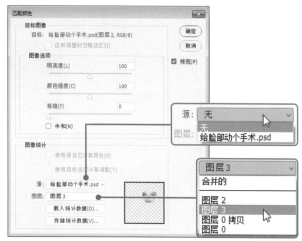

Step 11 单击"确定"按钮，确认调整，此时会自动匹配你选择的图像颜色。

Step 12 为"图层2"添加一个蒙版，使用柔边画笔工具对边沿进行涂抹，直至两个人物的边角更加自然。至此，本案例制作完成。

⓪② 萌萌哒大头贴这样做

属于90后的人的回忆——大头贴，现在却很少见，下面小德子将教大家如何制作时尚大头贴，重拾90后的回忆。

Step 01 首先新建一个正方形的文档，为背景图层填充灰色。

Step 02 选择工具箱中的椭圆选框工具，在属性栏中设置选区方式为"添加到选区"按钮，按Shift键连续绘制多个正圆选区。

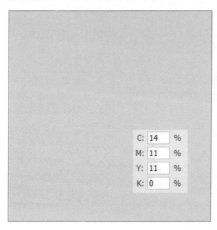
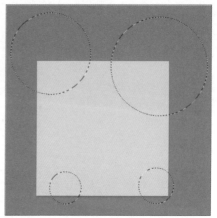

Step 03 新建图层，设置前景色为深灰色，按Alt+Delete组合键填充前景色，然后按Ctrl+D组合键取消选区。

Step 04 将素材文件"手绘——边框"拖动至当前文档中，调整其位置、大小、角度。

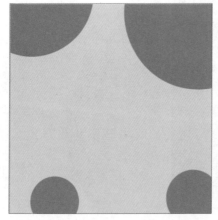
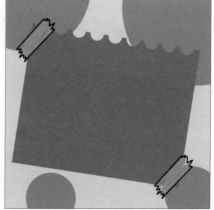

Step 05 将图片素材或者是自己的照片拖拽至当前文档中，调整大小。选择工具箱中的矩形工具，在图像上方绘制矩形区域。

Step 06 按Ctrl+J组合键，复制选区内图像，并隐藏原来置入的人物图像。

Step 07 按Ctrl+T组合键，旋转图像角度使其与下方"边框"相匹配。

Step 08 为复制的图像图层添加一个蒙版，选择画笔工具，并调整其大小绘制需要隐藏的部分。

Step 09 此时可以结合一些手绘图形增强画面的活泼感，置入素材文件眼镜，并调整其大小位置。

Step 10 继续置入素材，丰富整个画面，注意图层之间的先后顺序，增强图像的层次感，当然小伙伴也可以置入自己喜欢的手绘图形。

小贴示

想要使用Photoshop绘制手绘图形也可以，图上手绘图形的步骤收本后面有详细介绍哦~在修图的时候不妨添加一些手绘图形使你的画面更加生动有趣。

⑬ 后期搞怪字幕很简单

　　除了网民们喜欢PS一些恶搞并带有恶趣味的图片以外，在很多综艺中的后期效果中也会经常出现，下面小德子教大家一起制作一个大头后期搞怪字幕效果。

Step 01 执行"文件>新建"命令，新建一个A4大小的画布，并使用渐变工具填充颜色。执行"文件>打开"命令，打开一张"png"图像，并减去一部分只保留肩部以上的图像。

Step 02 选择钢笔工具，沿男生头部创建路径，并创建选区将其复制，按Ctrl+T组合键变换其大小，此时很明显可以看到头部的变大。

Step 03 女生的头部放大方法与男生相同，使用钢笔工具先抠取头部及部分头发，再变换其大小。

Step 04 此时可以看到女生人物进行方法之后头发形态不是很自然并且超出一部分，分别为其增加蒙版，再使用画笔工具进行涂抹隐藏不需要的部分，注意调整画笔的不透明度。

Step 05 选中人物及复制的图像将其合并，为其添加蒙版，使用画笔涂抹头发边缘减淡周围杂质，并调整图像下方的边缘。

Step 06 使用画笔工具进行随意涂抹，选择文字工具分别输入大小、字体不一的文字，调整合适的高度与宽度，为其添加"渐变填充"与"描边"的图层样式。

Step 07 使用钢笔工具绘制"感叹号"的高光，并填充颜色为黄色，移动其至合适位置。

Step 08 使用画笔工具在人物头顶绘制"可爱线条"，并在文字旁边绘制星星发光的图案，为图像增加一定的趣味性。

QUESTION

学习心得

这一课我们学习了选区的操作与编辑，看似简单的选区绘制其实大有学问。同学们想想看，通过选区还能做哪些个性化的设计？大家可以到"德胜书坊"微信公号以及相关QQ群中分享你的心得，让我们给那些想要学习图像处理的小伙伴一些思路和启发吧！

本章中所介绍的选区选择方式与选区的创建，同学们一定要多练习，多研究在其属性栏中调整各个参数之后，绘制选区的效果。

图层分层很重要

聪明在于勤奋，
天才在于积累。

SECTION 01

图层的与众不同？

刚开始学习Photoshop软件的小伙伴通常不知道图层的重要性，图层是Photoshop创作的根本，因为有了分层，才可以实现不同图形图像的拼合，实现丰富多彩的设计图案。

同学们可以把图层比作为一张透明的画布，在图层上工作就像是在一张看不见的透明画布上画画，很多透明图层叠在一起，构成了一个多层图像。每个图像都独立存在一个图层上，通过改动其中某一个图层的图像，不会影响到其他图层的图像。优秀作品离不开图层的灵活运用。

图层就是一幅幅图像按照先后顺序堆叠起来的。每一幅图像就是一个单独的图层，可以更改它的位置、透明度，以及对其进行变形处理等操作。

所有的图层都集聚在"图层"面板中。无论多么复杂、多么繁多的图层，都需要在图层调板中进行分门别类的编辑和管理。

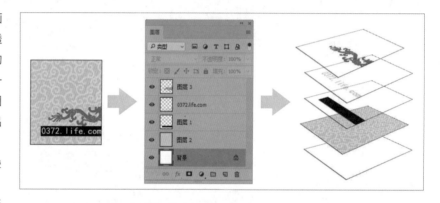

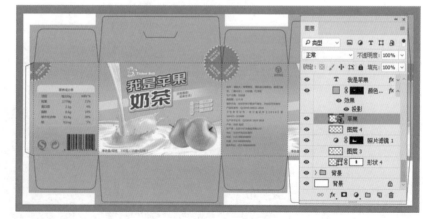

在制作复杂的图像效果时，图层调板会包含多种类型的图层，每种类型的图层都有不同的功能和用途，创建不同的效果，其在图层调板中的显示状态也各不相同。

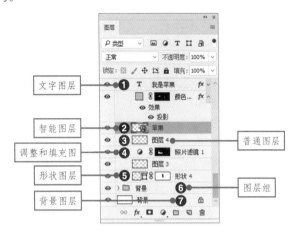

小德子带大家一起来看看图层面板中的各类图层的属性：

● **普通图层**：只包含图像的图层。

● **智能图层**：包含有嵌入的智能对象图层，在放大或缩小含有智能对象的图层时，不会丢失图像像素。

● **图层组**：当图层调板中的图层数量较多时，可以通过创建图层组来组织和管理图层，以便于查找和编辑图层。

● **文字图层**：使用文本工具输入文字时，即可创建文字图层，文字图层在栅格化之前可以随时进行编辑修改。

● **形状图层**：带有矢量形状的图层，由于矢量图层不受分辨率的限制，因此在进行缩放时可保持对象边缘光滑无锯齿，并且修改也教为容易，常用来创建图形、标志和LOGO等。

● **调整和填充图层**：通过填充"纯色"、"渐变"、"图案"或色彩调整图层，创建特殊效果的图层。

● **背景图层**：背景图层位于图层调板的最下面，该图层不能移动、修改混合模式、设置透明度和添加蒙版等操作，但是，可以双击将其转化为普通图层。

知识加油站：图层的基本操作

在"图层"面板中，可以对图层进行新建、删除、排列、编组等操作，从而使用户在调整效果时，能够轻易将其找到，并进行相应编辑。还可以使用视频图层向图像中添加视频，将视频剪辑作为视频图层导入到图像中之后，可以遮盖、变换、应用图层。

你真的会用图层吗?

　　巧妙的利用图层自由地进行创作，会发现工作效率将会大大提高。在Photoshop中，编辑操作都是基于图层进行的，比如图层的上下关系、图层的合并、图层的顺序、图层的组合等。

01 利用图层做设计

　　如果只会简单的图层操作也没关系，小德子这就教你如何使用简单的编辑手法去设计高逼格的作品。

Step 01 启动Photoshop CC软件，执行"文件>新建"命令，新建一个"A4"大小的画布。

Step 02 设置前景色为浅紫色，按Alt+Delete组合键，在背景上填充前景色。

Step 03 在"图层"面板中单击右下角的"新建"按钮，新建一个图层。

Step 04 选择工具箱的钢笔工具，在背景上单击创建描点，绘制一个三角形的闭合路径。

Step 05 右击鼠标执行"建立选区"命令或按Ctrl+Enter组合键创建选区，设置前景色为深紫色，按Alt+Delete组合键填充，按Ctrl+D组合键取消选区。

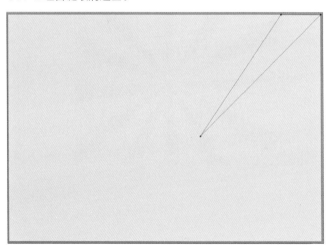

Step 06 按Ctrl+J组合键复制该图层，并按Ctrl+T组合键对其进行变换，将中心控制点移动至左下角。

Step 07 对复制的图层进行旋转。拖动鼠标将其旋转28.5°，并按Ctrl+Enter组合键确定旋转的变换。

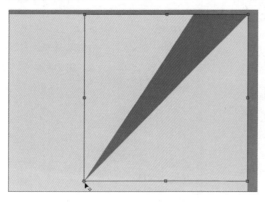 

Step 08 按Ctrl+Shift+Alt+T组合键，对其进行多次进行复制与旋转的重复操作。

Step 09 按Ctrl+T组合键，对最后复制的图形进行调整位置的变换，将变换中心移动至其右下角，旋转其角度，使其与两侧的图形间距相差不大。

知识加油站：重复变换操作

Ctrl+Shift+Alt+T组合键的作用是重复上一次的自由变换操作，所以它与Ctrl+T组合键（自由变换）是有很大关联的，使用Ctrl+Shift+Alt+T组合键之前，必须先使用Ctrl+T组合键对图像进行变换，否则单独使用Ctrl+Shift+Alt+T组合键是没效果的。

Step 10 选择工具箱中的裁剪工具，将画布大小进行裁剪，裁去图像不完整的部分制作炫酷背景。

Step 11 执行"文件>打开"命令，打开一张已经处理好的人像素材，将其拖入刚刚编辑的文档中调整其位置与大小。

制作放射图案效果

02 打包图层不容小觑

在设计作品时，往往会有超级多的图层，如果不将图层分别打包，你将浪费很多时间在寻找图层的路上，跟小德子一起来学习图层打包法吧。

Step 01 启动Photoshop CC软件，执行"文件>打开"命令，打开一个制作好的宣传页，当前所有的图层均未进行编组。

Step 02 使用工具箱中的选择工具，在其属性栏中勾选"自动选择"，目的是可以有效的进行区域选择，在背景上绘制选择区域，选中背景中所涉及到的所有图形。

Step 03 在选中的状态下按Ctrl+G组合键进行编组，在"组1"上双击对其进行重新命名，此时新建的图层组可能会发生顺序的错乱，按Ctrl+Shift+[组合键将其调整至最下方。

Step 04 将背景图形进行锁定，选择二维码及二维码下方的文字，按Ctrl+G组合键对其进行编组，将其命名为"二维码"。

Step 05 使用同样方法对图层内容进行归类分组，这样，对于以后进行修改与编辑提供了方便。

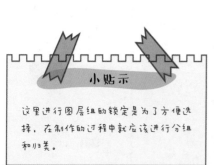

小贴示

这里进行图层组的锁定是为了方便选择，在制作的过程中就应该进行分组和归类。

03 多图合并有讲究

　　设计作品时，在不改变当前图层的情况下，将当前或所有的图层合并再进行操作，就可以在当前图层不变的情况下对下面的内容进行编辑，处理图像和设计作品都需要学会这招哦!下面小德子将以制作有趣动物写真为例对合并图层的优点展开介绍。

Step 01 启动Photoshop CC软件，执行"文件>新建"命令，新建一个"A4"大小的横向画布。

Step 02 执行"文件>打开"命令，打开"狗狗.png"图像并拖动至新建的文档中，调整其大小与位置。

Step 03 按Ctrl键并单击"图层"面板右下角的"新建"按钮，在刚刚置入的图层下方新建一个图层，并填充黄色。

Step 04 将绘制完成的手绘作品拖动至当前文档中，调整其大小、位置和旋转角度，注意手绘图像与狗狗图像图层之间的先后顺序。

手绘图形会让画面感趣味性十足。

Step 05 除黄色底层与背景图层外，按Shift键全部选中并将其编组，按Ctrl+Alt+E组合键，即可在不改变组的情况下重新合并为一个崭新的图层。

Step 06 按Ctrl键并单击合并图层的缩览图，载入选区，设置前景色为白色，并进行填充。

Step 07 按Ctrl+[组合键将填充的白色图像移动至组的下方，并调整其在画布中的位置，使其与原图像错开，产生叠影效果。

Step 08 选中"图层"面板中的任意一个图层，然后按下快捷键Shift+Ctrl+Alt+E组合键，将所有图层盖印，并选择工具箱中的裁剪工具进行裁剪，裁去画布外的多余图像。

Step 09 执行"文件>打开"命令，打开素材文件"相框"，将合并的图像拖拽到"相框"文档中，调整位置及大小。

知识加油站：盖印图层

在Photoshop中的"图层"面板中，包括了各种不同类型的图层，选择最上方的一个图层进行盖印图层，可以在保证原有图层不变的情况下，在"图层"面板的最上方盖印一个图层。在盖印的图层上进行画面效果的整体编辑，不会影响下层图像的效果。

Step 10 在"图层"面板中设置图层混合模式为"正片叠底",使图像融入到后面相框中。

④ 图形乖乖去排队

利用图形的排列组合与照片图像相互配合,可以制作出很多精彩的版式。利用人的视觉生理和视觉心理,产生强大的视觉冲击力,紧紧锁住人们的眼球。下面小德子将以一张宣传卡片正面为例,教大家如何使用排列组合制作版式。

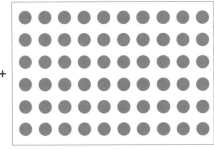
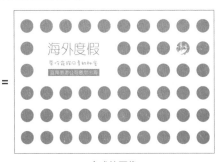

好看的图   按序排列的圆点   合成的图像

Step 01 启动Photoshop CC软件,执行"文件>新建"命令,新建一个画布。

Step 02 新建一个图层,并选择工具箱中的椭圆形工具,按Alt+Shift组合键绘制一个正圆,并设置前景色为深灰色,按Alt+Delete组合键填充前景色。

Step 03 选择工具箱中的选择工具，按Shift+Alt组合键拖动鼠标，水平复制9个相同的圆点。

Step 04 按Shift键在"图层"面板中选中10个绘制圆点的图层，在确定好第一个圆点与最后一个圆点位置的情况下，在属性栏中单击"水平居中分布"按钮 **╫** 。

Step 05 在选中这10个圆点的状态下，按Ctrl+G组合键，将其编组，方便接下来的对齐操作。

Step 06 按Shift+Alt组合键拖动鼠标，垂直复制5个相同的"组1"，并在属性面板中单击"垂直分布居中"按钮 **≡** 。

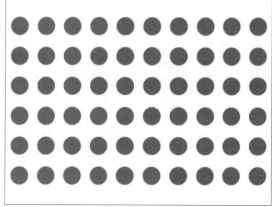

Step 07 在"图层"面板中选中所有的组，按Ctrl+E组合键，将其合并成普通图层。

Step 08 按Ctrl键并单击该图层的缩览图，载入选区。

Step 09 选择工具箱中的椭圆选框工具，在画布中单击鼠标右键，执行"选择反向"命令，将该选区反选，并按Ctrl+D取消选区。

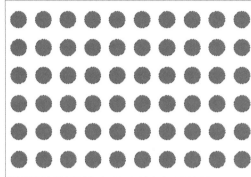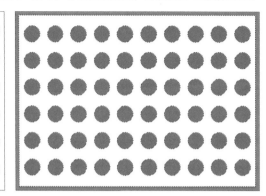

Step 10 按Shift+Ctrl+N组合键新建一个图层，并设置前景色为白色，将其填充在新图层中，此时要隐藏"组1拷贝5"，方便后面的操作。

Step 11 执行"文件>打开"命令，打开一张图片，并拖入至当前需要编辑的文档中，调整其大小与位置。

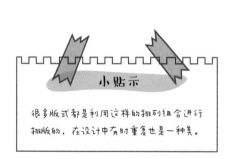

Step 12 在"图层"面板中，将风景图层拖动至"图层1"的下方，使它位于白色图层的下方。

Step 13 选择工具箱中矩形选框工具，在左上角绘制一个选区，新建一个图层并填充为白色，使其遮盖下方的风景图像，按Ctrl+D取消选区。

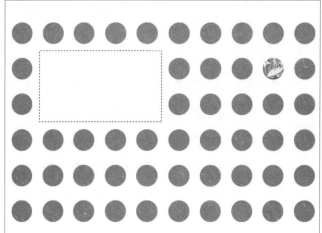

Step 14 使用横排文字工具，在画布左上角输入两行宣传信息，分别设置其字体、字号，字体颜色则使用吸管工具吸取大海的颜色，使整体色调统一。

Step 15 选择工具箱中的矩形选框工具在文字下方绘制一个长方形选区，选择"图层1"按Delete键删除图像，选择"图层2"重复此操作删除图像。

Step 16 按Ctrl+D组合键取消选区，使用横排文字工具在矩形中间输入文字信息，设置字体颜色为白色，并在"字符"面板中分别设置字体、字号、字间距。

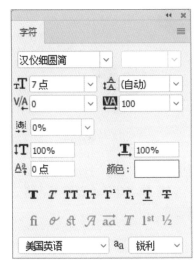 

图层样式大用处

图层样式是指图形图像处理软件Photoshop中的一项图层处理功能，是后期制作图片以期达到预定效果的重要手段之一。它的功能强大，能够简单快捷地制作出各种立体投影，各种质感以及光景效果的图像特效。与不用图层样式的传统操作方法相比较，图层样式具有速度更快、效果更精确，更强的可编辑性等优势。

01 为图像加上真实投影

有很多的图像、写真、产品展示并不是直接拍摄获取的，而是通过后期的合成，制作成真实效果。小德子下面将教大家如何利用图层样式中的投影制作真实效果。

 +  =

找一个物体   找一张场景图   合成效果

Step 01 启动Photoshop CC软件，执行"文件>打开"命令，打开一张场景图片。再次执行"文件>打开"命令，打开一张实物图片。

Step 02 使用钢笔工具沿实物正面单击鼠标左键绘制路径，按Ctrl+Enter组合键创建选区。

Step 03 按Ctrl+C组合键复制，再按Ctrl+V组合键粘贴，复制选区内的图像，将图像拖动至场景图的文档中，调整其大小、角度、位置。

Step 04 将该图层的混合模式设置为"正片叠底"，使其与下方桌面的色调相互融合。

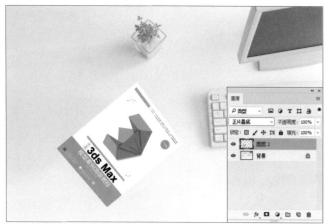

Step 05 单击"图层"面板左下角的"添加图层样式"按钮 *fx*，在打开的快捷菜单中选择"投影"选项。

Step 06 在打开的"图层样式"对话框中设置投影的参数，注意勾选"使用全局光"选项。

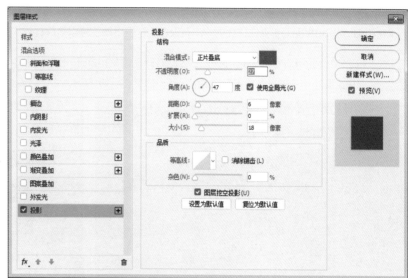

Step 07 单击"确定"按钮，完成投影的制作，并复制其至其他位置，改变其角度。

⑫ 平面图形变立体化

在Photoshop平面图形变立体化的方法有很多，这里小德子将以图层样式中的"命令"为例，讲解如何制作木刻字的制作。

Step 01 启动Photoshop CC软件，执行"文件>打开"命令，打开一张木纹图片。

Step 02 选择工具箱中的横排文字工具输入大小不一的字样，如：Ps CC，并设置字体、字号。

Step 03 将所有的文字图层编组，并复制一层，按Ctrl+E组合键合并组，并隐藏原来的图层。

Step 04 按Ctrl键并单击"组1拷贝"图层缩览图，载入选区，并选中背景图层，按Ctrl+J组合键复制选区内图像，隐藏"组1拷贝"图层。

Step 05 执行"图像>调整>曲线"命令，在"曲线"对话框中调整曲线的参数，使图像的颜色加深。

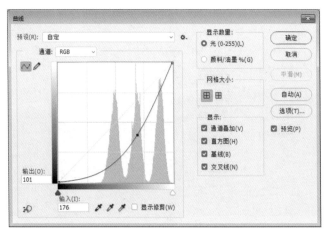 

Step 06 复制"组1拷贝"图层并使其显示，按Ctrl+Shift+]组合键将其置顶显示。

Step 07 单击"图层"面板左下角的"添加图层样式"按钮 fx，在打开的快捷菜单中选择"内投影"选项。在打开的"图层样式"对话框中设置内阴影的参数。

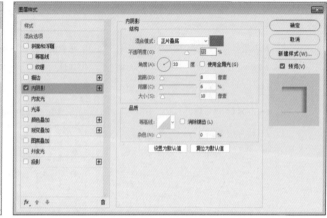

Step 08 继续选择"图层样式"面板中的"斜面与浮雕"选项，并设置"斜面与浮雕"相对应的参数，单击"确定"按钮，此时可以看到相对应的效果。

Step 09 在"图层"面板中，将该图层的填充值改为0%，可以大概看出木雕的效果，但是这还不够细致需要深入刻画。

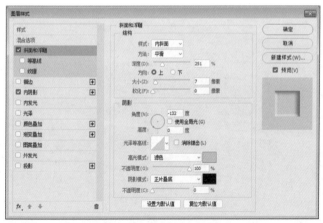

Step 10 按Ctrl + J组合键，复制当前的文字图层，并分别修改图层样式的参数。

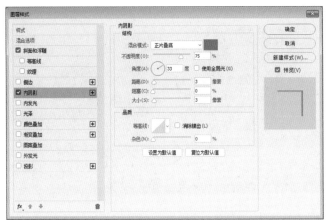 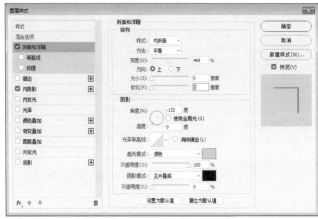

Step 11 复制"组1拷贝"图层并使其显示，按Ctrl+Shift+]组合键将其置顶显示，设置填充值为0%，并单击"图层"面板左下角的"添加图层样式"按钮 *fx*，在打开的快捷菜单中选择"描边"选项。在打开的"图层样式"对话框中设置描边的参数。

 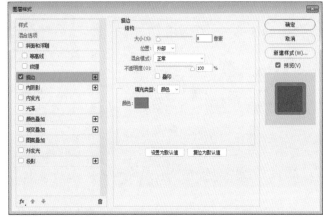

Step 12 新建一个图层并选中其与描边图层，按Ctrl+E组合键使其合并。

Step 13 按Ctrl键单击"图层2"的缩览图载入选区，选中背景图层，按Ctrl+J组合键复制选区内图像，改变复制图层的混合模式为"正片叠底"，并隐藏"图层2"。

Step 14 按Ctrl键单击"图层3"的缩览图载入选区，选择工具箱中的魔棒工具，在属性栏中单击"添加到选区"按钮 选中选区的内侧。

Step 15 选择工具箱中的任意选框工具，按向右的方向键三下，向上的方向键两下，移动选区按Delete键删除。

Step 16 按Ctrl键并单击"图层2"缩览图载入选区，选中背景图层，按Ctrl+J组合键复制选区内图像，按Ctrl+Shift+]组合键置为顶层，改变复制图层的混合模式为"滤色"。

Step 17 按Ctrl键单击"图层4"的缩览图载入选区，选择魔棒工具添加选区的内侧。选择工具箱中的任意选框工具，按向左的方向键一下，向下的方向键两下，移动选区并按Delete键删除。

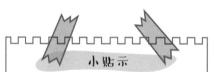

小贴示

俗话说："眼见为实"，对于Photoshop而言，眼见不一定为实，很多真实场景、立体效果都可以通过Photoshop进行P图。

QUESTION

学习心得

　　这一课我们学习了图层的操作与图层样式，通过图层之间的相互组合也可以制作出炫酷的效果。同学们想想看，通过图层之间的相互配合还能做哪些有趣的设计？大家可以到"德胜书坊"微信公号以及相关QQ群中分享你的心得，让我们给那些想要学习图像处理的小伙伴们一些思路和启发吧！

　　本章中所提到的图层样式同学们一定要充分掌握，对于P图大有用处，当一些效果不会做的时候，同学们可以通过百度搜索的方式进行查找。

Chapter

05

文字让作品有灵魂

一个成功者所知道的，

除了勤奋，便是谦逊。

你不知道的文字设置技巧

制作作品时，一般都会使用到字体的设置，无论是英文还是中文。很多同学在设置字体的时候都会疑惑，如何设置字体才能符合自己制作的作品？如何使中文字体与英文字体匹配？如果二者的风格存在很大差异，也是很难协调共存的。

01 字体的重要性

一个设计作品的好与坏，文字的字体也起到了很大作用，使用恰当的字体和字号、配色，能够将你的作品脱颖而出，紧紧抓住人们的眼球。

下面小德子先从中文说起，中文一般会根据文字的使用场合、风格进行分类：

● **普通字体**：绝大多数字体都可以归类为此类，使用比较普遍包括且不限于微软雅黑、方正系列字体、汉仪系列字体、造字工房系列字体等。

● **钢笔字体**：钢笔字体的使用会使你的作品充满文艺感、且随性，具有手写的感觉。

- **书法字体**：是制作传统文化的作品时的首选字体，具有一定的文化气息，包括且不限于叶根友系列字体、李旭科毛笔行书、日本青柳衡山毛笔字体、属卫书法行书简体、段宁毛笔行书等。
- **儿童字体**：萌萌的字体风格在设计中可以拉近作品与人的距离，具有轻松感。该字体不适合在严肃、正式的作品中出现。

- **POP字体**：主要用于海报、招贴、广告等，很多漫画也会使用该字体。包括且不限于华康勘亭流体、华康POP1体等。

和前面的中文分类一样，英文字体可以很直观的分为下面的5大类型：

- **无衬线粗体**：现代感较强，很多设计作品为了体现层次对比，常常会搭配细体文字一起使用，但需要注意做好主次之分，两种字体切不可势均力敌。
- **无衬线细体**：时尚感较强，一般用于时尚、潮流等领域，在英文字体中，有很多字体都有对应的细体造型。

- **衬线传统字体**：最能体现英文"优雅"的字体，精心设计的衬线装饰让字母看上去精致感十足。
- **手写字体**：装饰性极强，一般用于文艺、女性、节日相关的设计，请帖、写真相册上也非常常见。

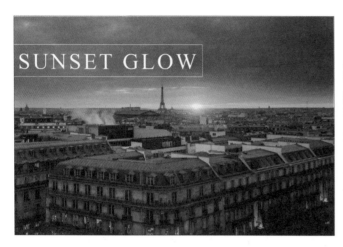

● **复古哥特字体**：中世纪复古风格字体，适用范围一般较小，适用于欧美复古风格的作品。包括且不限于Old English Text MT、English_Gothic等。

对于中英文混用的情况，应该注意的是二者在风格上的一致性。若中文使用了宋体这样一类的衬线字体，那么相对应的，英文也应该使用衬线字体，如Times New Roman等。

宋体衬线体
Song style liner

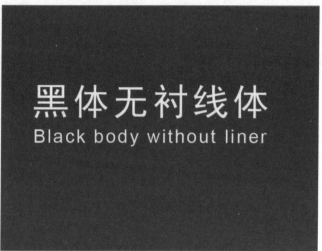

黑体无衬线体
Black body without liner

02 利用蒙版建文字选区

使用横排文字蒙版工具 和直排文字蒙版工具 可以创建出文字型的选区，比其他利用文字创建选区的方法更加方便快捷。

Step 01 选取"横排文字蒙版工具"，并设置文字的各项属性，将"横排文字蒙版工具" 移动到图像窗口中单击，此时视图进入蒙版编辑模式。

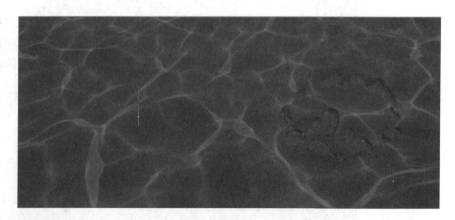

Step 02 在其中输入文本，红色的区域为选区以外的内容。

Step 03 完成文字编辑后单击✓按钮，文字蒙版区域将转换为文字的选区范围，并为选区填充颜色。

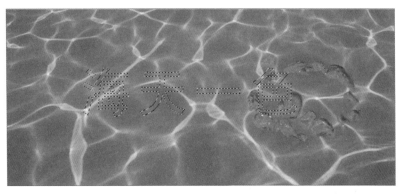

文字的编辑妙不可言

　　Photoshop软件中的很多绘图工具以及部分菜单命令，不能直接应用到文字图层，如果想要应用其效果，必须将文字图层栅格化。下面小德子将教大家如何通过编辑文字制作出大效果。

01 巧用文字变形

　　文字变形是文字图层的属性之一，可以根据选项创建出不同样式的文字效果。通过各个数值的改变即可快速的创建变形文字。

　　使用文本工具选中文本图层后，在属性栏中单击"创建文字变形"按钮 ，打开"变形文字"对话框，单击"文字变形"按钮，弹出"变形文字"对话框，在样式下面有15种样式供选择：扇形，下弧、上弧、拱形、凸起，贝壳、花冠、旗帜、波浪、鱼形、增加、鱼眼、膨胀、挤压、扭转。

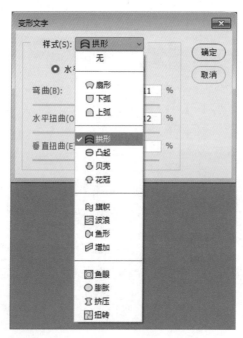

Step 01 启动Photoshop CC软件，执行"文件>打开"命令，打开一张背景图片，现在需要根据背景图片的图像来改变字体的形状。

Step 02 在其中输入文本，在属性栏中单击"创建文字变形"按钮 ⊥，在打开的"变形文字"对话框中设置参数，单击"确定"按钮改变文字形状。

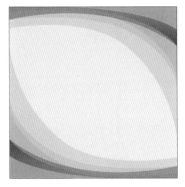

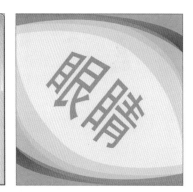

02 文字走向能控制

通过创建路径，根据路径走向输入文字，会使画面变得更加生动有趣。利用路径来配合文本工具进行编辑，以添加更多的编辑方法，或者可以在路径段上创建沿路径排列的文本等，和小德子一起来试试吧。

有时候为图片添加注释直接输入文字，会让图片显得更加死板。

呆板的横排文字

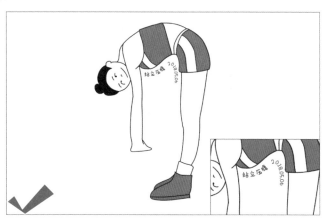

有趣的字体加上路径文字

Step 01 启动Photoshop CC软件，执行"文件>打开"命令，打开一张图片。

Step 02 选择工具箱中的钢笔工具 ✐，沿图像的任意轮廓外侧绘制路径。

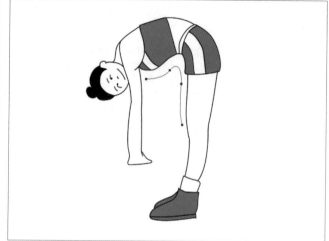

Step 03 使用横排文本工具单击绘制的路径并输入文字信息，设置字体、字号，如无法显示文字信息，可选择工具箱中的路径选择工具，调整文字路径的终点，单击画布外空白处确认完成。

03 文字秒变形状

通过将文字转换为形状，可以改变文字颜色，甚至对文字外观进行更改。通过改变文字路径可以很方便的对字体进行再设计，下面小德子将通过具体操作带领同学们感受一下。

Step 01 启动Photoshop CC软件，执行"文件>新建"命令，新建一张横向"A4"大小的画布。

Step 02 设置前景色为深蓝色，并新建一个图层填充前景色。

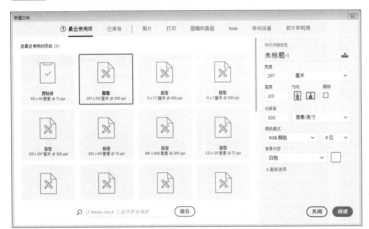

Step 03 选择横排文字工具，输入文字信息并设置字号、颜色，在"图层"面板中右击文字图层，选择"转换为形状"选项。

选择工具箱中的直接选择工具，选中需要改变的描点并拖动鼠标进行移动，对字体的外观进行改变。利用形状路径还可以为文字做更多的设计效果。

知识加油站：文字图层转换为形状图层注意事项

文字图层转换为具有矢量蒙版的图层，可以通过编辑矢量蒙版对文字进行调整，但注意转换过形状图层的文字不可以再编辑文字属性。

04 栅格化文字做更多效果

很多操作和效果，只有将文字图层转换为普通图层，才能够继续编辑。转换为普通图层的文字将作为一个图像来编辑，将不再拥有文字所具有的相关属性。

Step 01 启动Photoshop CC软件，执行"文件>新建"命令，新建一个画布。

Step 02 设置前景色为粉色，并新建一个图层填充前景色。

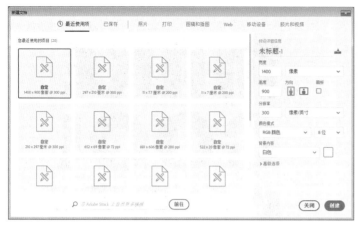 

Step 03 选择横排文字工具在画布中输入3行文字，并在"字符"面板中设置字体、字号和行间距。

Step 04 在"图层"面板中的文字图层上右击，选择"栅格化文字"选项，将文字图层转换为普通图层。

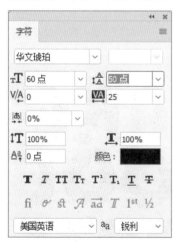  

Step 05 选择工具箱中的多边形套索工具，在字体上绘制多边形选区。

Step 06 选择移动工具移动选区内图像的位置，按Ctrl+T组合键变换其旋转角度，按Ctrl+Enter组合键确定变换并取消选区。

使用同样的方法在3行文字的其他位置进行裁剪变换，制作出碎裂的效果。

Step 08 使用钢笔工具绘制一个细长三角形的形状，建立选区并填充颜色为黑色，按Ctrl+D组合键取消选区。

Step 09 调整至合适位置并复制几个相同的图形，变换其大小、角度、位置。文字的切割可以随意、动感一些。

Step 10 在"图层"面板中，选中文字及绘制的其它图形，按Ctrl+G组合键将其编组，单击"图层"面板下方的"添加图层样式"按钮 fx，选择"颜色叠加"命令，叠加颜色为白色。

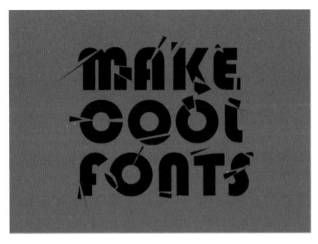
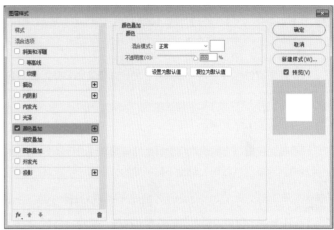

Step 11 继续在打开的"图层样式"对话框中勾选"投影"选项，为其增加适当的阴影，产生立体感。

Step 12 复执行"文件>打开"命令，打开图片"分散的碎片"，变换其大小与角度，并移动至字母碎开的位置。复制并拖动至其他字母碎开的位置，注意调整字母之间的角度。

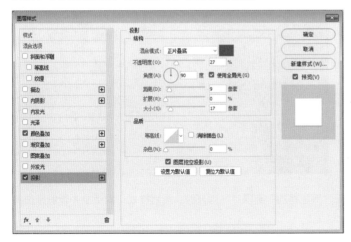
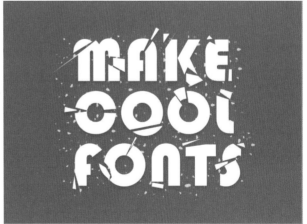

SECTION 03 不用美图软件，也能制作好效果

很多美图软件也称之为毁图软件，为什么称之为毁图？因为会降低图片的质量。如果想保证照片质量，建议使用Photoshop软件处理图像。

01 照片水印轻松做

很多美女在拍照之后喜欢用手机上的美图软件进行修图，之后加上好看的水印。但美图软件的用户量巨大，将修好加上水印的照片发布到朋友圈、微博，都是千篇一律的，没有一丝新意，下面小德子教大家如何制作属于自己的水印。

Step 01 启动Photoshop CC软件，执行"文件>打开"命令，打开一张照片。

Step 02 先制做水印再调整水印的位置。执行"文件>打开"命令，打开一张绘画素材，并拖动至照片文档中，调整大小并移动至照片空白处。

Step 03 单击"图层"面板下方的"添加图层样式"按钮，选择"颜色叠加"选项，在打开的"图层样式"对话框中设置叠加的颜色为白色。

Step 04 选择工具箱中的椭圆工具，按Shift+Ctrl组合键，在置入的图像内部绘制一个正圆图形。

Step 05 在"图层"面板中将此图层的填充值改为0%，隐藏该形状图层的填充色。

Step 06 并单击"图层"面板下方的"添加图层样式" 按钮，选择"描边"选项，在打开的"图层样式"对话框中设置描边的参数。

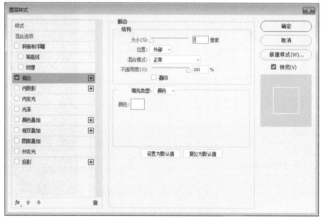

Step 07 单击"确定"按钮应用图层样式。选择工具箱中的直线工具，在属性栏中设置直线的粗细为1像素，在正圆中间绘制两条直线。

Step 08 选择文字工具分别输入3行文字，设置字体颜色为白色，并设置合适的字体、字号、字间距。

Step 09 使用文字工具在最上方的文字中定位光标，在属性栏中单击"变形文字"按钮，在打开的"变形文字"对话框中设置变形"样式"为"上弧"，单击"确定"按钮，完成变形。

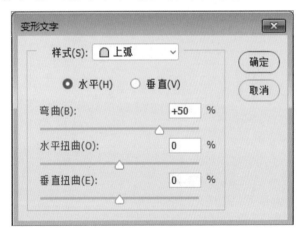 

Step 10 使用文字工具在最上方的文字中定位光标，在属性栏中单击"变形文字"按钮，在打开的"变形文字"对话框中设置变形"样式"为"下弧"，单击"确定"按钮，完成变形。

Step 11 在"图层"面板中将所有涉及到水印的图形及文字图层选中，按Ctrl+G组合键将其编组。按Ctrl+T组合键，对其进行变换调整其大小，并移动至照片左下角。

知识加油站：水印的重要性

想要保护自己作品版权的同学注意了，一定要为自己的作品增加上水印，以防被别人盗用。

● 具有安全性：数字水印能在图像、声音、视频信号中添加某些数字信息以达到文件真伪鉴别，版权保护等功能。

● 具有证明性：水印能为收到版权信息产品归属提供有力的证据，并能够监视被保护数据的传播，真伪鉴别以及非法拷贝控制等。

● 美观性：图片水印的添加能让自己的照片更具独特性。

⑫ 透明塑料字体效果

文字图层在不被栅格化的情况下，也可以制作很多效果，下面小德子带大家制作透明塑料效果的文字。

Step 01 启动Photoshop CC软件，执行"文件>打开"命令，打开一张照片。

Step 02 使用横排文字工具，在照片中心输入文字信息，并设置字体、字号、字间距，此处文字字体需要选择轮廓较圆滑的。

Step 03 单击"图层"下方的"添加图层样式"按钮，选择"斜面和浮雕"选项，在打开的对话框中设置其参数。

Step 04 在"图层样式"对话框中继续勾选"高等线"选项，并设置"高等线"的参数。

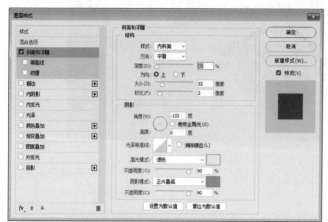 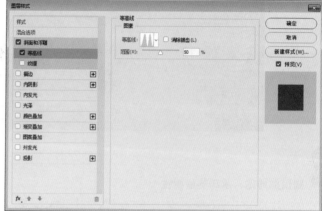

Step 05 在"图层样式"对话框中勾选"内阴影"、"内发光"选项，并分别设置"内阴影"、"内发光"的参数。

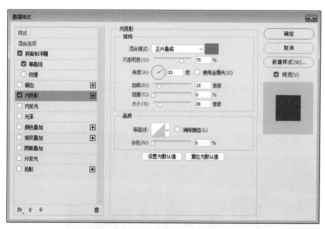 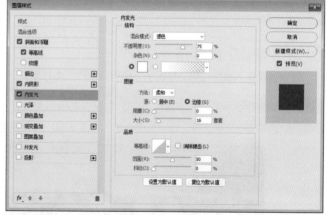

Step 06 在"图层样式"对话框中继续勾选"光泽"、"外发光"、"投影"选项，并分别设置"光泽"、"外发光"、"投影"的参数。

小贴示

多多调试各个图层样式对话框中的参数，制作更柔和的效果。

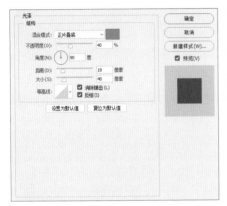
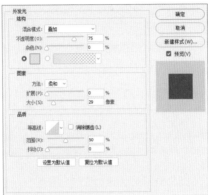
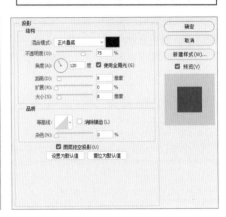

Step 07 单击"确定"按钮，应用所设置的图层样式效果。

Step 08 在"图层"面板中，设置"图层混合模式"为"柔光"，最终透明塑料字体效果设计完成。

学习心得

这一课我们学习了文字在Photoshop中的运用，先要了解文字如何搭配更美观，然后再对文字进行设计。同学们想想看，通过文字还能做哪些有趣的设计？大家可以到"德胜书坊"微信公号以及相关QQ群中分享你的心得，让我们给那些想要学习图像处理的小伙们一些思路和启发吧！

本章中所介绍的只是简单的文字设计，更多的文字设计效果可以去网上欣赏，这样才能拓宽自己的思维与思路，如：平面设计作品、文字字体设计、纯文字海报设计。

Chapter 06

图像的华丽变身

所谓天才，
只不过是把别人喝咖啡的功夫
都用在工作上了。

SECTION 01

编辑图像随心所欲

Photoshop软件的图像处理功能是非常强大的，无论是修补图片，还是修改照片的色彩、色调，它都能够轻松地完成。下面小德子就带大家一起来见识它的厉害。

01 素颜拍照别担心

现代照相机或者是手机照相的清晰度都是非常高的，很容易捕捉到大家脸上的缺点，在不损伤照片质量的前提下，可以导入电脑，使用Photoshop将不需要的东西统统抹除掉。

在Photoshop中有两个工具可用于校正瑕疵，污点修复画笔工具 🖌 与修复画笔工具 🖌。在修复时，可以将取样像素的纹理、光照和阴影与源像素进行匹配，从而使修复后的像素不留痕迹地融入图像的其余部分。

`Step 01` 启动Photoshop CC软件，执行"文件>打开"命令，打开一张需要处理的人物照片。

`Step 02` 选择工具箱中的"污点修复画笔工具" 🖌，单击人物脸部的雀斑，直至脸部无杂质即可，怎么样？操作非常方便吧，你来试试。

修复前

修复后

扫描延伸阅读

知识加油站：使用修复画笔工具祛斑

使用"修复画笔工具" 🖌，则需要按住键盘上的Alt键，在瑕疵附近单击取样，然后在瑕疵上单击，可去除人物皮肤上的祛斑。

ⓜ 去除水印有方法

同学们在搜集素材图片时，是不是总是有水印，不用担心，小德子这就教你们两种对付不同程度水印的操作。

方法1：修补工具

Step 01 启动Photoshop CC软件，执行"文件>打开"命令，打开一张需要处理的照片。

Step 02 选择工具箱中的"修补工具" 🔧，绘制修复区域，拖动鼠标至相同色调且图像一致的区域，松开鼠标即可完成修复。

方法2：填充（内容识别）

Step 01 启动Photoshop CC软件，执行"文件>打开"命令，打开一张需要处理的照片。

Step 02 选择工具箱中的"矩形选框工具"，拖动鼠标框选需要修复的区域。

Step 03 执行"编辑>填充"命令，在打开的"填充"对话框中设置填充内容为"内容识别"。

Step 04 单击"确定"按钮，水印已经去除，背景比较复杂的水印，用这种方法肯定没错。

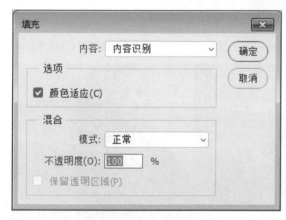 

03 人物红眼一键除

红眼是如何产生的？大家是不是都很疑惑，小德子这就给大家来解答。

"红眼"在相片中就是指被照的人物或动物瞳孔变为了红色，这主要是在黑暗环境中闪光灯的强光打射在视网膜后的毛细血管上反射回来的原因，而这种现象大多出现在相机镜头与闪光灯之间夹角比较小的机型中，如各种轻巧的数码相机就因便携性的考虑将相机中的不同元素设计得相当紧凑，从而在作品中易产生红眼现象。

　　除了相机自大消除红眼的功能外，Photoshop也自带这样的功能，一键即可消除。

Step 01 启动Photoshop CC软件，执行"文件>打开"命令，打开一张需要处理红眼的照片。

Step 02 选择工具箱中的"红眼工具"，单击红眼位置，"红眼工具"会自动感知并消除红眼。

04 图像清晰度随意改

　　当拍摄一张很美的照片，却因为模糊舍不得删的时候该怎么办？Photoshop中有一个工具来帮你解决。下面小德子教你使用"锐化工具"锐化照片，锐化工具还可以对某一个细节进行锐化，非常的方便。

Step 01 打开图像，选择"锐化工具"，在属性面板中调整"强度"的值，"强度"控制着锐化工具产生的锐化量。"强度"百分比值越大，锐化的效果就越明显。

Step 02 使用该工具至需要调整清晰的图像区域来回拖动即可将图像变得清晰。

SECTION 02

调整色彩、色调套路多

在Photoshop软件中，色彩调整技巧是Photoshop雄据其他图形处理软件之上的一项看家本领，要想做出精美的图像，色彩的调整是必不可少的。

01 色彩失调这样做

一张照片的色彩一旦处理不好，就会严重失调，造成喧宾夺主的情况。背景色调太过抢眼便会将主体物的视觉引导力降低，反之主体物的颜色太暗也不行，这些都是可以通过Photoshop进行调整的。

Step 01 启动Photoshop CC软件，执行"文件>打开"命令，打开一张需要处理的照片。这张图片中蓝色的背景色调过重，需要进行调整。

Step 02 执行"图像>调整>曲线"命令，在打开"曲线"对话框中选择需要改变的通道为"蓝色"，并调整曲线的参数。

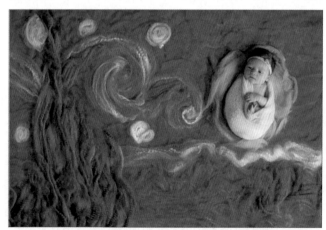

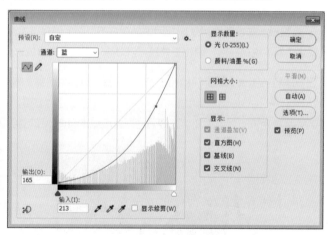

Step 03 单击"确定"按钮，完成色彩的调整。

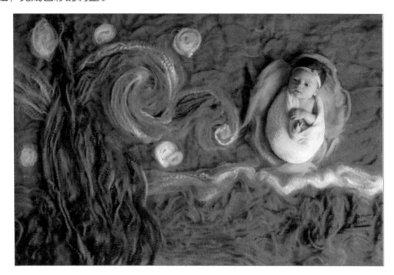

扫描延伸阅读

⑫ 为照片调出艺术照

有时候调整图像整体颜色，会改变或者增强图片的表现氛围，下面小德子教大家如何利用色相并配合文字工具改变调出艺术照。

Step 01 启动Photoshop CC软件，执行"文件>打开"命令，打开一张照片。复制"背景"图层，得到"背景 拷贝"图层。

Step 02 单击"图层"面板底部的"创建新的填充或调整图层"按钮 ⊘ ，在弹出的菜单中选择"色相/饱和度"选项，在打开的"属性"面板中设置红色、绿色、蓝色、红色2的色相、饱和度、明度的值。

Step 03 选择横排文字工具，在图像左下角输入两行文字，并分别设置其字体、字号，设置字体颜色为白色，增加画面的视觉效果。

⑬ 增加颜色滤镜换风格

在图像的后期处理中，增加颜色滤镜能够改变照片的整体风格，来试一试吧。

Step 01 启动Photoshop CC软件，执行"文件>打开"命令，打开一张照片。

Step 02 单击"图层"面板底部的"创建新的填充或调整图层"按钮 ◑ ，在弹出的菜单中选择"照片滤镜"选项，在打开的"属性"面板中设置照片滤镜的参数。

也可以试试其他滤镜产生的效果，比如下面的这些设置和效果。

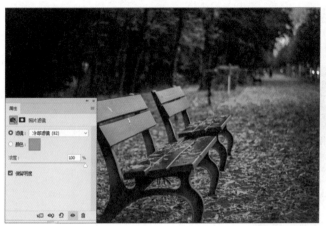 

04 增加照片色彩层次

通过调整图片的色调分层，可以增加视觉的冲击力。下面小德子将教大家如何通过色彩平衡改变图片的色彩。

Step 01 启动Photoshop CC软件，执行"文件>打开"命令，打开一张照片。复制"背景"图层，得到"背景 拷贝"图层。

Step 02 在"图层"面板中设置图层的混合模式为"滤色"，改变图层的不透明度为40%，增加图层的颜色深度。

Step 03 单击"图层"面板底部的"创建新的填充或调整图层"按钮 ◉ ，在弹出的菜单中选择"色彩平衡"选项，在打开的"属性"面板中设置色彩平衡的参数。

05 一键制作黑白照

有时候为了能够更好的展现艺术气息，会通过后期的处理将彩色的照片转变为黑白的照片，在调整的过程中同学们要注意黑白灰的过渡效果。

Step 01 启动Photoshop CC软件，执行"文件>打开"命令，打开一张需要处理的欧洲复古美女的照片。

Step 02 单击"图层"面板底部的"创建新的填充或调整图层"按钮 ◉ ，在弹出的菜单中选择"黑白"选项，在打开的"属性"面板中黑白的参数，目的是调整图片黑、白、灰的对比度。此时图片已经变为黑白色。

Step 03 因黑白图片现在的黑白对比度不够强烈，还需要进行下一步操作。单击"图层"面板底部的"创建新的填充或调整图层"按钮 ● ，在弹出的菜单中选择"色阶"选项，在打开的"属性"面板中色阶的参数。

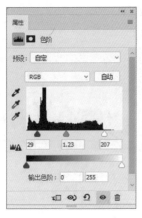

06 为黑白照增加色彩

当拿到一张黑白照片，领导下令为照片加上颜色的时候，心里肯定不是滋味，并OS：这不是强人所难吗？小德子现在告诉大家一点都不难，只要画笔配合图层的混合模式即可，和小德子一起来试试吧。

Step 01 启动Photoshop CC软件，执行"文件>打开"命令，打开一张照片。复制"背景"图层，得到"背景 拷贝"图层。

Step 02 新建一个图层，选择画笔工具并设置为柔光画笔，设置颜色为深褐色（R：160，G：107，B：65），使用画笔工具在人物的面部和肌肤位置绘制。

Step 03 在"图层"面板中设置该图层的混合模式为"柔光",即可查看到效果。

Step 04 复制"图层1",并设置图层混合模式为"叠加",设置图层不透明度为20%。

Step 05 新建一个图层，设置图层混合模式为"柔光"，设置前景色为红色（R：155，G：11，B：35），使用画笔工具在唇部处涂抹，即可查看到效果。

Step 06 新建一个图层，设置图层混合模式为"柔光"，设置前景色为浅褐色（R：132，G：93，B：55），使用画笔工具在眼睛上方涂色制作眼影，即可查看到效果。

Step 07 新建一个图层，设置前景色为深黄色（R：132，G：93，B：55），使用画笔工具在脸颊处涂抹，设置图层混合模式为"柔光"并将不透明度改为15%，即可查看到效果。

Step 08 新建一个图层，设置图层混合模式为"柔光"，设置前景色为蓝紫色（R：96，G：79，B：237），使用画笔工具在背景上方涂色，即可查看到效果。

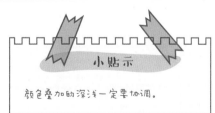

小贴示

颜色叠加的深浅一定要协调。

学习心得

　　这一课我们学习了如何调整图片的色彩与色调，想要让自己的作品出彩，就必须掌握这些技巧。同学们想想看，还有什么方法能够将图片调出特殊效果？

　　本章中所介绍的色彩、色调的调整不仅仅需要掌握软件技能的学习，更应该掌握色彩如何搭配会更加优秀，在空闲的时候建议同学们可以欣赏一些画家的作品，归纳他们使用的颜色搭配方式。

Chapter

07

抠图与合成必学技

读书是学习，使用也是学习，而且是更重要的学习。

SECTION 01 不懂通道你就out了

蒙版与通道是Photoshop软件中最难懂、也是最难掌握的两个部分，在图像处理中有着非常重要的作用，学好通道与蒙版的操作，你制作的图像合成才能天衣无缝。

01 认识通道类型

通道对于大多数设计师来说，是个非常好用的辅助作图的功能，其可以帮助设计师实现更为复杂的图像编辑。

在Photoshop中，图像默认的是由颜色信息通道组成的。但是图像中除了颜色信息通道外，还可以为图像中的通道添加Alpha通道与专色通道。

1. Alpha通道

Alpha通道主要用来保存选区，这样就可以在Alpha通道中变换选区，或者编辑选区，得到具有特殊效果的选区。

2. 专色通道

专色通道是一种特殊的通道，用来存储专色。专色是特殊的预混油墨，用来替代或者补充印刷色油墨，以便更好的体现图像效果。在印刷时每种专色都要求专用的印版，所以要印刷带有专色的图像，则需要创建存储这些颜色的专色通道。

⑫ 调整图像局部色彩

图像中局部色彩使用通道进行修改是非常方便，而且非常自然的。

Step 01 启动Photoshop CC软件，执行"文件>打开"命令，打开一张图片。

Step 02 按Ctrl+J组合键复制一个图层。执行"窗口>通道"命令，在"通道"面板中选中"蓝"通道。

Step 03 按Ctrl键单击"图层"面板中的"蓝"通道缩览图，载入选区，选择任意一个选框工具并右击，选择"选择反向"命令。

Step 04 执行"图像>调整>亮度/对比度"命令,在打开的"亮度/对比度"对话框中设置亮度的参数。

Step 05 单击"确定"按钮,此时单击"RGB"通道就可以很明确的看到图像色调发生了改变。

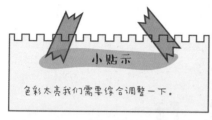

小贴示

色彩太亮我们需要综合调整一下。

亮度/对比度

亮度: 78

对比度: 0

□ 使用旧版(L)

☑ 预览(P)

确定

取消

自动(A)

Step 06 在"通道"面板中选中"绿"通道,按Ctrl键单击"图层"面板中的"绿"通道缩览图,载入选区。

Step 07 按Ctrl+C组合键复制,选择"栏"通道,按Ctrl+V组合键粘贴,最后单击"RGB"通道查看效果。至此图像色调的改变就完成啦。

03 发丝抠图看这里

毛发和发丝都是非常难抠取的部分，然而通道可以解决这个难题，下面小德子教大家来试试。

Step 01 启动Photoshop CC软件，执行"文件>打开"命令，打开一张图片。

Step 02 在"通道"面板中找到一个对比度最强烈的"蓝"通道，将其拖动至"通道"面板下方的"新建"按钮，松开鼠标，复制"蓝"通道。

Step 03 执行"图像>调整>色阶"命令，在打开的"色阶"对话框中设置参数。

  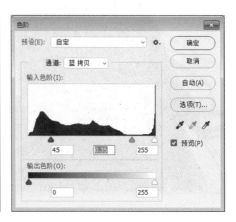

Step 04 单击"确定"按钮，即可查看到效果，然后使用画笔工具在人像亮处进行绘制。

  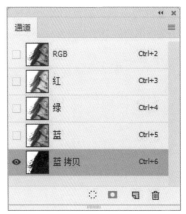

Step 05 按Ctrl键，在"蓝"通道中单击其缩览图载入选区，选择任意一个选框工具，单击鼠标右键选择"选择反向"命令。

Step 06 选择"RGB"通道，按Ctrl+J组合键复制选区内图像。

Step 07 新建一个图层，在工具箱中选择渐变工具，在其控制栏中单击"点按可编辑渐变"按钮，在打开的"渐变编辑器"对话框中设置渐变参数。

Step 08 使用拖拽鼠标的方式填充渐变色，并按Ctrl+【组合键将图层移动至后一层，此时可以看出发丝周围，还是有一层透明度不高的杂质包围着。

Step 09 选择复制的"人物"图层，单击"图层"面板下方的"添加图层样式"按钮，在打开的快捷菜单中选择"内发光"选项，在打开的"图层样式"对话框中设置参数。

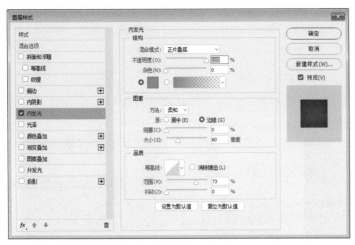

知识加油站：发丝扣取的秘诀

以上所述方法为最简单隐藏发丝扣取杂质的方法，若是背景较为复杂，因为其发丝图层添加蒙版，使用画笔工具并调整画笔工具的不透明度及流量，对发梢为扣除干净的杂质进行处理。

SECTION
02

CHAPTER 07 抠图与合成必学技

设计师必备技能之蒙版

蒙版是Photoshop中的高级编辑技巧，也是设计工作中必不可少的一项作图技巧。其中包括快速蒙版、剪贴蒙版和图层蒙版，而图层蒙版则是重中之重。

01 3种蒙版需掌握

1. 快速蒙版

快速蒙版可以用来创建、编辑和修改选区的外观。打开图像后，单击工具箱中的"以快速蒙版模式编辑"⬜按钮，进入快速蒙版。

Step 01 启动Photoshop CC软件，执行"文件>打开"命令，打开一张图片。

Step 02 选择"以快速蒙版模式编辑"⬜按钮，使用"画笔工具"在视图中绘制，创建出所需的选区外观。其中红色半透明的部分就是使用"画笔工具"绘制的，这一部分是选区以外的部分。

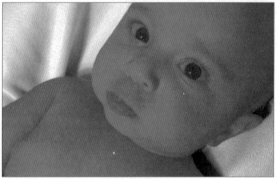

Step 03 此时工具箱中的"以快速蒙版模式编辑"⬜按钮已变为"以标准模式编辑"⬛按钮，单击该按钮，退出快速蒙版编辑模式，同时视图中出现选区，将选区反转即可选中人物图像，将其扣取出来后为背景换色。

2. 剪贴蒙版

剪贴蒙版可使下方图层的图像轮廓来控制上方图层图像的显示区域，在创建剪贴蒙版时，首先要将剪贴的两个图层放在合适位置，被剪贴的图层放在上面，下面小德子以调换裙子颜色为例给大家介绍一下剪贴蒙版的功能。

`Step 01` 启动Photoshop CC软件，执行"文件>打开"命令，打开一个"png"图片。

`Step 02` 新建一个图层，并调整至最下方填充为白色，再次新建一个图层，并将其调整至最上方，填充颜色为紫红色。

`Step 03` 按住Alt键，将光标定位至"图层2"与"图层0"之间，单击鼠标左键创建剪贴蒙版，在"图层"面板中将"图层2"的混合模式更改为"正片叠底"。使用这种方法创建剪贴蒙版，比使用选区裁剪要快速很多。

如果要释放剪贴蒙版中的图层，即取消图层应用剪贴蒙版效果，只需执行"图层>释放剪贴蒙版"命令，即可释放该图层内容，如果该图层上存在其他内容，那么这些图层也会同时被释放。

3. 图层蒙版

图层蒙版属于图层技术里的高级功能，可以称其为无损编辑，即在不损失图像的前提下，将部分图像隐藏，并可随时根据需要重新修改隐藏的部分，下面小德子带大家一起来制作LOMO暗角效果。

Step 01 启动Photoshop CC软件，执行"文件>新建"命令，新建一个横向A4大小的画布。设置前景色为深蓝色，并在背景中填充。

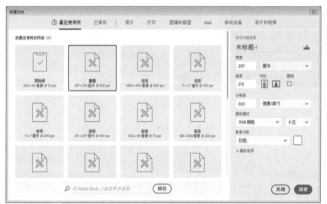

Step 02 执行"文件>打开"命令，打开一张图片，并将其拖动至编辑的文档中，调整位置及大小。

Step 03 单击"图层"面板下方的"添加矢量蒙版"按钮 ▢ ，选择工具箱中的"渐变工具"，在控制栏中单击"点按可编辑渐变"按钮，在打开的"渐变编辑器"对话框中设置渐变参数。

Step 04 在渐变工具属性栏中设置渐变样式为"径向渐变" ■ ，使用鼠标进行拖拽绘制渐变填充。

知识加油站：快速调整蒙版边缘效果

在图像中创建了图层蒙版后，可在"蒙版"面板中对当前蒙版的边缘直接进行调整，达到需要的蒙版效果。在"蒙版"面板中单击"蒙版边缘"按钮，打开"调整蒙版"对话框，分别设置"羽化"和"对比度"选项，可设置不同的蒙版边缘效果。

⑫ 保留原图的炫酷抠图

　　使用蒙版进行抠图最大的好处就是可以保留原图，进行再编辑，处理图像进行合成时需要重复利用的图像，一定要选择蒙版哦！

Step 01 启动Photoshop CC软件，执行"文件>打开"命令，打开一张背景图片。

Step 02 再次执行"文件>打开"命令，打开一张人物图片，按Ctrl+J组合键复制一个图层。

Step 03 执行"图像>调整>黑白"命令，在打开的"黑白"对话框中设置其参数，并单击"确定"按钮，完成图像颜色的更改。

Step 04 在"通道"面板中选择"蓝"通道，执行"图像>调整>色阶"命令，在打开的"色阶"对话框中设置参数，并单击"确定"按钮。

Step 05 在前景色为黑色的状态下，使用画笔工具涂抹图像中间部分，并调整前景色为白色，涂抹图片四周灰色部分。

Step 06 在"通道"面板中选择"RGB"通道，按Ctrl键单击"蓝"通道的缩览图载入选区，选择任意选框工具单击鼠标右键，选择"选择反向"选项，将选区反选。

Step 07 在"图层"面板中选择"背景"图层，按Ctrl+J组合键复制选区内图像，并隐藏"背景 拷贝"图层与"背景"图层，方便查看。

Step 08 将抠取的图像拖动至第一次打开的文档中，调整位置及大小。

Step 09 此时会看到抠取的图像边缘不够干净。按Ctrl键，单击"图层1"的缩览图，载入选区，执行"选择>修改>收缩"命令，在打开的"收缩选区"对话框中设置参数。

Step 10 单击"确定"按钮后，选择任意选框工具单击鼠标右键，选择"选择反向"选项，将选区反选，按Delete键删除，取消选区。

Step 11 单击"图层"面板下方的"创建新的填充或调整图层"按钮，在打开的快捷菜单中选择"色相/饱和度"选项，再在打开的"属性"面板中设置参数。

小贴示

这些数据的调整为的是让整个图像色调统一。

Step 12 为图层添加蒙版，并使用柔光画笔在其边缘进行涂抹，降低裙子边缘的亮度。

Step 13 复制"图层1"，按Ctrl键单击该图层缩览图载入选区并填充紫色，按Ctrl+T组合键，变换图形制作投影并调整位置。

Step 14 执行"滤镜>模糊>高斯模糊"命令，在打开的"高斯模糊"对话框中设置参数。

 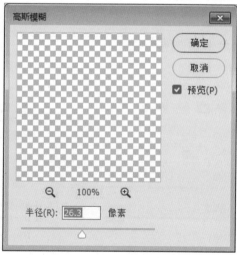

Step 15 单击"确定"按钮，设置该图层的混合模式为"正片叠底"。若效果不明显可再复制一层，调整不透明度。

Step 16 将光效图片拖动至图片中并调整大小及合适位置。

Step 17 复制两个相同的光效图层，并调整图层顺序至"背景"图层的上方，分别调整其大小及位置，为其添加蒙版并使用柔光画笔进行涂抹减少四周的亮度。

Step 18 执行"文件>打开"命令，打开"音律.png"图片，调整其至人物图层的下方，并调整位置及大小。

Step 19 设置该图层的图层混合模式为"正片叠底"，使其与下方图层的色调进行混合。

Step 20 执行"文件>打开"命令，打开一张"光效.png"图片，并调整位置及大小。

Step 21 执行"图像>调整>色相/饱和度"命令，在打开的"色相/饱和度"对话框中设置其参数。

Step 22 单击"确定"按钮，并设置图层的图层混合模式为"颜色减淡"。

03 超自然的合成效果

很多照片的拍摄不限制时间、天气，照片拍摄后，后期处理会对风景、光感、人物等进行改变，一起和小德子来试试吧。

Step 01 启动Photoshop CC软件，执行"文件>打开"命令，打开一张背景图片。

Step 02 按Ctrl+J组合键复制背景图层，执行"图像>调整>曲线"命令，在打开的"曲线"对话框中设置通道"RGB"的曲线参数。

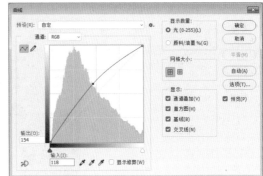

Step 03 继续设置通道"红"的曲线参数，然后单击"确定"按钮。

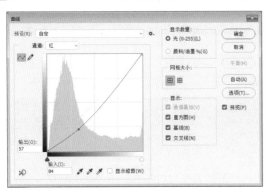

Step 04 执行"文件>打开"命令，打开一张天空的图片，调整其大小与位置。

扫描延伸阅读　　　　扫描延伸阅读

Step 05 调整图层的透明度，为图层添加蒙版，并使用柔光画笔进行涂抹，只保留下方图层的天空部分，完成之后，将不透明度调整为100%。

Step 06 执行"图像>调整>自然饱和度"命令，在打开的"自然饱和度"对话框中设置参数。

Step 07 按Ctrl+J组合键复制图层，按Ctrl+T组合键变换图像，将图像垂直翻转并将其进行缩放，按Enter键完成变换。

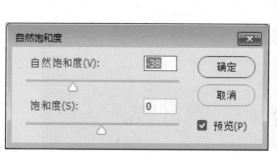

Step 08 调整复制图层的透明度并单击复制图层的蒙版，使用柔光画笔涂抹隐藏湖水外侧的多余天空，涂抹时通过调整画笔的不透明度进行自然地过渡。

Step 09 单击"图层"面板下方的"创建新的填充或调整图层"按钮，在打开的快捷菜单中选择"色相/饱和度"选项，再在打开的"属性"面板中设置参数。

学习心得

　　这一课我们学习了蒙版与通道的知识与操作，除了正文中介绍的蒙版与通道的案例，想想看，蒙版与通道还能和哪些工具与命令组合但小德子没有提到的呢？大家可以到"德胜书坊"微信公号以及相关QQ群中分享你的心得，让我们给那些想要学习图像处理的小伙们一些思路和启发吧！

　　本章中介绍的蒙版与通道的应用只是他们的冰山一角！大家可以使用探索的方式，充分理解与掌握通道和蒙版，你会发现合成图像并非难事！

Chapter

08

Hold不住Photoshop
的看过来

成功的人是跟别人学习经验，
失败的人只跟自己学习经验。

SECTION 01 方便快捷的手机APP

可以说时下的新一代青年人人会P图，手机拍照像素的提升与手机APP P图软件的升级，已经足够满足人们的修图欲望，不再需要带着电脑或使用电脑软件进行P图。

下面小德子来带大家体验一些各大修图能手手机APP的主要功能，它们的下载及安装在此就不讲了，操作过程非常简单。

01 修图神器—美颜相机

此处介绍的修图软件，看名字就可以得知其主要功能是什么？——人物美容师。美颜相机软件中关于修图的共有4大功能：高级美颜、大片影棚、发型管家、大头贴。

百度搜索应用标签：美颜、照片美化、美妆、美白、滤镜、拍照、自拍、女性。

- 【实时美颜】：让美实时可见！越拍越美，不需p图，捕获适合你的美。
- 【大片影棚】：每款素材都结合滤镜、边框和水印进行搭配，感受多样的拍摄乐趣，随时打造"私人影棚"。
- 【发型管家】：全新黑科技 AI 人工智能匹配发型,识别你的脸型，让你找到适合自己的发型。
- 【百变萌拍】：美颜相机持续为你提供新鲜的萌趣AR效果,一秒变身萌萌哒,让自拍不再单调。

下面我们就来试试美颜相机中的"高级美颜"功能。

Step 01 手机打开美颜相机，选择"高级美颜"功能，从手机相册中选择一张需要美颜的图片。

Step 02 单击"进入高级美颜"按钮，开始进入美颜界面，可以看到编辑、美颜特效、磨皮、肤色等操作。

Step 03 下面将分别对磨皮、美颜特效、五官立体、眼睛放大、亮眼、祛斑的数值进行设置与操作。

选择图片

美颜界面

磨皮

美颜特效

眼睛放大

亮眼

VS

P 图前

P 图后

⓪② 卖萌自拍相机—Faceu激萌

对于Faceu激萌这类产品萌妹子应该会非常喜欢，里面有很多超级可爱的拍照动态贴图，支持美颜、滤镜，不过暂时不支持五官的调整。

软件功能的介绍

下面我们就来试试美颜相机中的"动态贴纸"与"滤镜"功能。

Step 01 手机打开Faceu激萌，选择"高级美颜"功能，从手机相册中选择一张需要美颜的图片。

Step 02 选择动态贴纸及滤镜效果。

03 专注于P图的天天P图

天天P图是由腾讯推出的一款美图类APP，天天P图APP操作简便，功能强大，拥有美图、美妆、变妆、抠图等多个模块，简单实用。天天P图APP为用户带来极致的用户体验，只需下载这一款APP，就能轻轻松松完成一系列的图片处理功能。

- 【美化照片】：天天P图有简单实用照片编辑功能，专业特效、光斑虚化、智能补光，马赛克、星光镜，应有尽有。
- 【人像美容】：一键打造精致美颜，磨皮、祛痘、瘦脸、瘦身、长腿。
- 【故事拼图】：海量丰富的时尚拼图模板，独家智能水印，拼出你的故事心情。
- 【自然美妆】：超智能五官精准定位，粉底、唇彩、腮红、鼻翼高光、修眉、染发，P出精致美妆范。
- 【疯狂变妆】：武媚娘妆、吸血鬼妆、熊猫妆、烟熏妆，不怕不疯狂，就怕你不敢。
- 【魔法抠图】：P图独家法宝！轻松抠图，趣味场景，3D艺术效果，打造魔法P图趣味。
- 【趣味多图】：秘密就在分享的时候"真的不一样哦"，引爆朋友圈和空间的独家秘诀。

下面我们来试一试天天P图的魔法抠图。

Step 01 手机打开天天P图，选择"魔法抠图"功能，从手机相册中选择需要抠图的图片。

Step 02 首先进行剪裁，使用画笔工具对人像进行涂抹，涂抹多余的地方使用橡皮擦删除。

Step 03 选择一张自己喜欢的背景图片进行合成，注意调整大小。

04 网红都在使用的无他相机

小德子为大家推荐的这款P图相机，P图、美颜效果会更明显，对于网红而言是款不错的选择。功能介绍：实时美颜、直播助手、一键上妆、卖萌贴纸、自制GIF表情包、素描画彩铅画。

下面小德子带同学们试试无他相机的素描彩铅画的效果。

Step 01 手机打开无他相机，点击"素描画"按钮，从手机相册中选择一张需要转手绘的图片。

Step 02 分别选择"彩铅风格"和"素描风格"，就可以看到效果啦。

 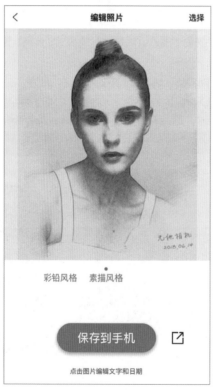 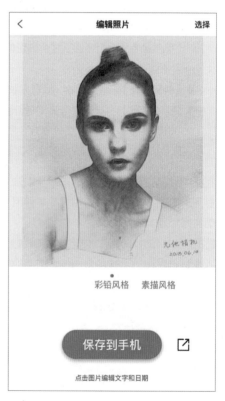

不占内存的电脑小软件

电脑性能不好，购买年代久远，无法正常运行Photoshop软件的用户，如果只需要简单处理一些照片，小德子推荐以下的一些免费电脑小软件。

01 简单的趣味照片编辑器Funny Photo Maker

Funny Photo Maker是一款图像处理工具，不过普通的图像处理工具不同的是，Funny Photo Maker 更加专注于照片逼真场景。

主要涉及：相框、换脸、艺术照等功能。

Funny Photo Maker 内置了几十种经典的逼真的场景，可以将自己的图片合成然后嵌入进去，这样可以达到奇妙、有趣、意想不到的效果噢！作为一款图像处理工具，当然也带有一些面部合成以及照片美化的附加功能！

下面小德子将带大家来试试Funny Photo Maker的相框效果。

Step 01 在电脑安装Funny Photo Maker之后,单击"打开图片"按钮,打开一张模特照片。

Step 02 在右侧选择一款边框样式,可直接查看到效果,完成之后单击"输出"进行保存即可。

ⓞ2 迷你版的Photoshop-PixBuilder Studio

PixBuilder Studio是一款功能强大的图像生成、查看和处理软件。非常适于处理数码照片,还支持生成和打开图标,能够高质量的快速处理图像。

支持分层操作、支持多部撤销操作、支持打印及预览、支持保存及预览。图像处理功能包括:改变尺寸、旋转、文字操作等等。从界面与操作对比上看它和Photoshop软件较像。

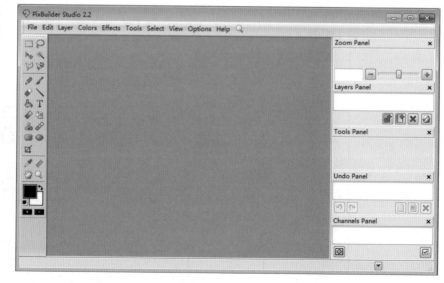

下面我们来试试PixBuilder Studio的图像处理效果。

Step 01 执行"File>Open"命令，打开一张图片，接下来要调整图片的明暗对比度。

Step 02 执行"Colors>Leves"命令，在打开的"Leves"对话框中设置参数，然后单击"OK"按钮，完成后记得保存哦。

 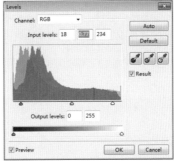 

⓪③ 基础图像编辑软件Paint.NET

Paint.NET是Windows 平台上的一个图像和照片处理软件，是由华盛顿州立大学的学生开发和维护并由微软公司提供项目指导，早期定位于MS Paint的免费替代软件，现在逐渐发展为一个功能强大且易用的的图像和照片处理软件，支持图层、无限制的历史记录、特效和许多实用工具，并且开放源代码和完全免费，界面看起来也有点像Photoshop。

从界面菜单栏就可以直接看出其基本功能，小德子就不详细介绍具体操作步骤啦，大家感兴趣可以去试一试。

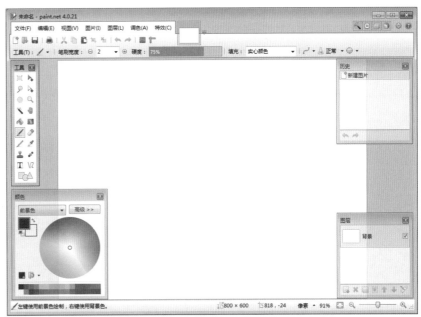

学习心得

　　这一课我们分享了一些关于修图的手机APP与电脑小软件，小伙伴们觉得怎么样？除了正文中介绍的几款修图便捷的软件外，想想看还有哪些巨好用，但小德子没有介绍到的软件呢？大家可以到"德胜书坊"微信公号以及相关QQ群中分享你的心得，让我们给那些想要快速处理图像的小伙们一些思路和启发吧！

　　本章中所有的APP使用操作只作为欣赏！大家可以使用自己拍摄的照片进行处理，多多尝试你会发现每款的修图软件都有各自的特点！

SPEEDUP

+ PHOTOSHOP 达人速成记

手可
绘爱

不一样的
职场生活

德胜书坊 著

中国青年出版社

图书在版编目（CIP）数据

Photoshop达人速成记＋可爱手绘 / 德胜书坊著. — 北京：中国青年出版社，2019.1
（不一样的职场生活）
ISBN 978-7-5153-5338-8
Ⅰ.①P… Ⅱ.①德… Ⅲ.①图象处理软件 Ⅳ.①TP391.413
中国版本图书馆CIP数据核字（2018）第228592号

不一样的职场生活——
Photoshop达人速成记＋可爱手绘
德胜书坊 著

出版发行	中国青年出版社	
地　　址：	北京市东四十二条21号	
邮政编码：	100708	
电　　话：	（010）50856188／50856199	
传　　真：	（010）50856111	
企　　划：	北京中青雄狮数码传媒科技有限公司	
策划编辑：	张　鹏	
责任编辑：	张　军	
封面设计：	张旭兴	
印　　刷：	北京凯德印刷有限责任公司	
开　　本：	889 x 1194　1/24	
印　　张：	10	
版　　次：	2019年3月北京第1版	
印　　次：	2019年3月第1次印刷	
书　　号：	ISBN 978-7-5153-5338-8	
定　　价：	59.90 元	
	（附赠独家秘料，获取方法详见封二）	

本书如有印装质量等问题，请与本社联系
电话：（010）50856188 / 50856199
读者来信：reader@cypmedia.com
投稿邮箱：author@cypmedia.com
如有其他问题请访问我们的网站：http://www.cypmedia.com

字体设计入门 PHOTOSHOP +

序言
Preface

序言 Preface

为你的职场生活
添上色彩！

本系列图书所涉及内容

职场办公干货知识+简笔画/手帐/手绘/健身，
带你体验不一样的职场生活！

《不一样的职场生活——Office达人速成记+工间健身》

《不一样的职场生活——PPT达人速成记+呆萌简笔画》

《不一样的职场生活——Excel达人速成记+旅行手帐》

《不一样的职场生活——Photoshop达人速成记+可爱手绘》

更适合谁看?

想快速融入职场生活的职场小白，速抢购！

想进一步提高，但又不愿报高价培训班的办公老手，速抢购！

想要大幅提高办公效率的加班狂人，速抢购！

想用小绘画丰富职场生活但完全零基础的手残党，速抢购！

本系列图书特色

市面上办公类图书都会有以下通病：

理论多，举例少——讲不透！

解析步骤复杂、冗长——看不明白！

本系列书与众不同的地方：

多图，少文字——版式轻松，文字接地气！

从实际应用出发，深度解析——超级实用！

微信+腾讯QQ——多平台互动！

干货+手绘/简笔画——颠覆传统！

附赠资源有什么?

你是不是还在犹豫，这本书到底买的值不值?

非常肯定地告诉你：六个字，值！超值！非常值！

简笔画/手帐/手绘内容将以图片的形式赠送，以实现"个性化"定制；

Word/Excel/PPT专题视频讲解，以实现"神助攻"充电；

更多的实用办公模板供读者下载，以提高工作效率；

更好的学习平台（微信公众号ID：DSSF007）进行实时分享！

更好的交流圈（QQ群：498113797）进行有效交流！

系列书使用攻略

目录
CONTENTS

第

3

课

旅行必备的相关元素

第 1 课

打造自己的专属Q版人物

人物在手帐中是相对较难的一类，无论是形态、
结构、动作还是特征，都需要仔细的把握。本课
将讲解各种类型的表情及职业人物的绘制，在这
里我们将他们绘制的更加可爱，让手帐中的人物
变得更有趣味性。

卡卡卡~

1. 生活中精彩的表情

方法：绘制的时候生动一点，随性一点，不需要画的很规范。

表情01　符号表情

⊘OW~ ☉○☉

.•ω<)♡

爱你。

=ω=)"!..

尴尬。

「•」ω•)「

尬舞。

´_>`)❀

尬舞。

^///^)

猪式害羞。

=ω=)♪+

心情+1。

(´`>⊔<´`)

大哭。

[(ω=)

想想都开心。

♡´ω`)

害羞式喜欢。

凸¯⊔¯)

藐视。

♡/∀\)

人家害羞嘛。

`⊔´)⫫

啊，想怎样。

ﾉ∀=)

耶。

•∀•)ﾉ

在这里。

ˇ(ω=)

飞一般的感觉。

¯3¯)▢

么么。

`•ω•´)

小可爱。

♡´⊔`)

不开心。

•⊌•)

唔，我要看。

´∀`)目

憨笑。

凸•`⊔•´)

愤怒。

°ω°)…

晕菜。

°⊌°)✍

ok。

つω=)三

走你。

⁂•⊔´)ﾉ

大怒。

ﾜg^⊔^)

馋。

⌒°○°)

兴奋。

≧∀≦)♪

开心。

用符号做表情，加上可爱的颜色，在写文字或者写对话的时候画上这些符号表情，会变得超级有趣哦~

扫描延伸阅读

方法：通过观察人物五官的变化，使用夸张的手法，将你看到的一些表情，或自己的心情绘制出来。

 想坏主意。

 汗水。

 无语。

震惊。

兴奋。

晕。

 大哭。

么么。

表面可爱内心邪恶。

很不开心。

惊吓。

可爱。

 大怒。

伤心。

害羞。

开心。

恐怖。

小恶魔。

 两眼发光。

美女惊吓。

尖叫。

心好累。

你说什么？

要哭。

11

2. 各行各业的职场人物

绘制脸型。　　　绘制发型。　　　绘制耳朵。　　　绘制眼睛、眉毛、　　绘制胡子、嘴。
　　　　　　　　　　　　　　　　　　　　　　　　　　鼻子、眼睛。

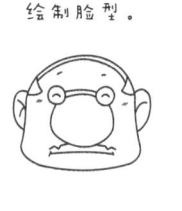 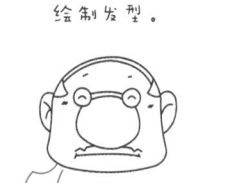 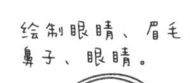

绘制脸部细节。　　绘制左手臂。　　　绘制左手。　　　绘制教棒。　　　绘制右手臂。

绘制领口。　　　绘制腰带。　　　绘制腿部。　　　绘制黑板轮廓。　　　绘制背板内部细节。

绘制黑板架。　　　　绘制黑板擦、粉笔。　　　手绘黑板上的内容。　　　完成上色。

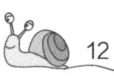

 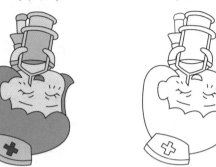  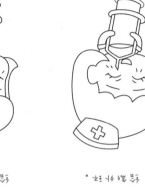   

 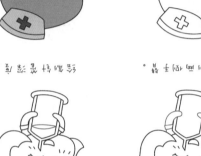   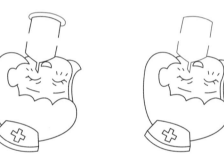 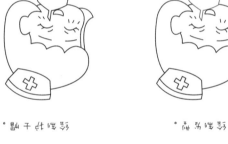

人物02　教你轻松作伤各种表情

绘制帽子。　　绘制帽檐及细节。　　绘制敬礼的手势。　　绘制脸型。　　绘制左手臂。

绘制五官。　　绘制右手臂。　　绘制领口。　　绘制领带。　　绘制纽扣。

绘制腿部。　　绘制国旗。　　绘制五角星。　　完成上色。

人物04 为国争光的运动员

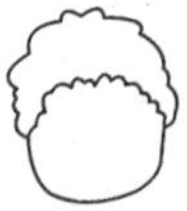

绘制头部。

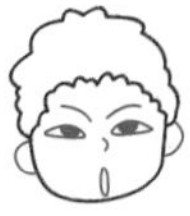

绘制五官。

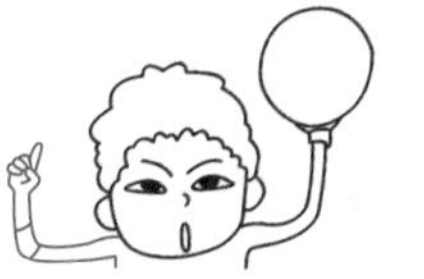

绘制左臂。

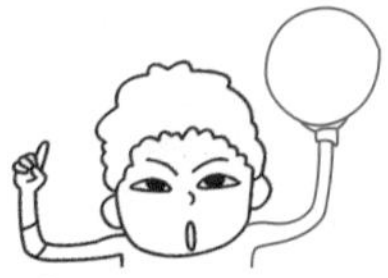

绘制右臂。

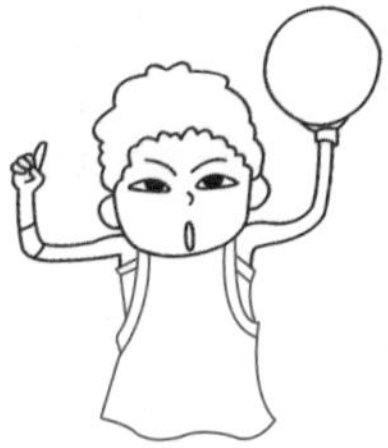

绘制背心。

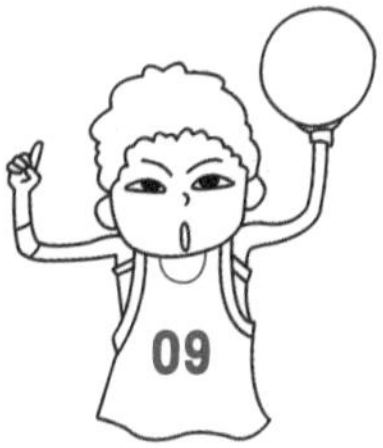

绘制领口及数字。

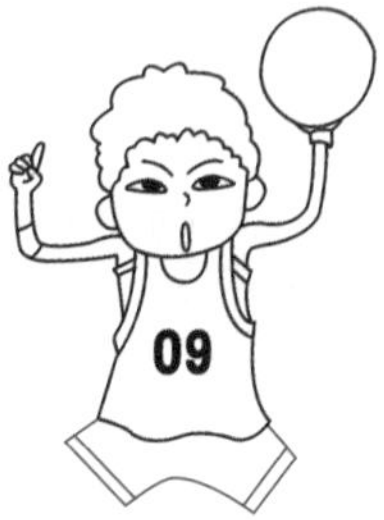

绘制裤腿。

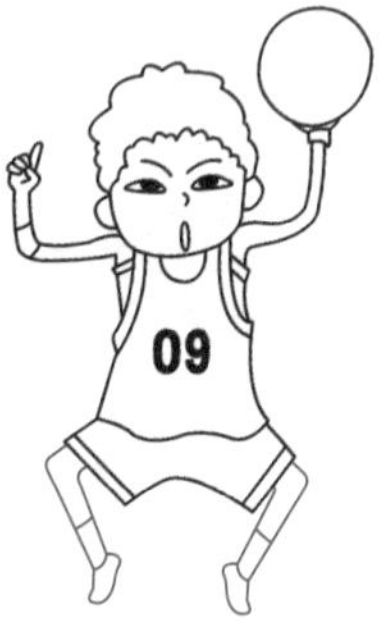

绘制腿部。

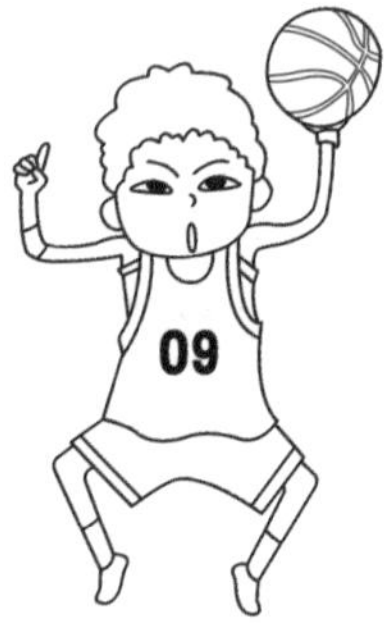

绘制足球纹路。

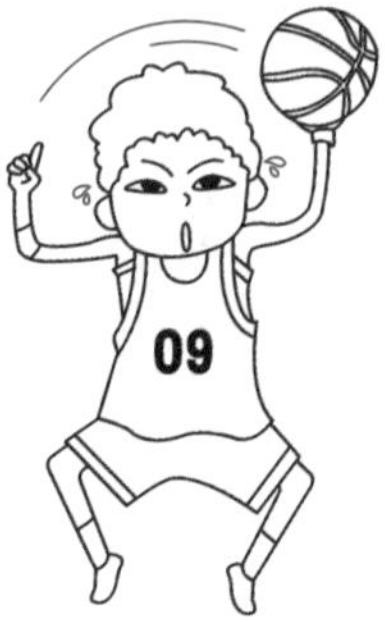

绘制汗水。

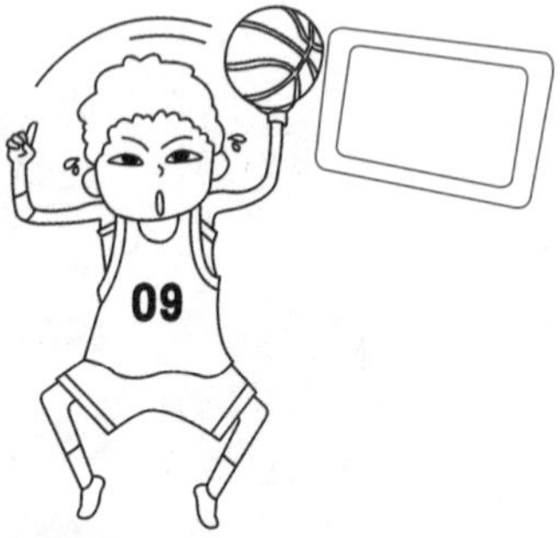

绘制球篮挡板。

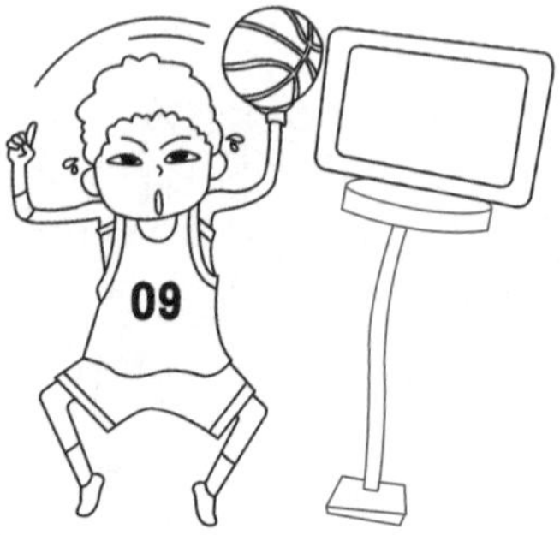

绘制栏杆及底座。

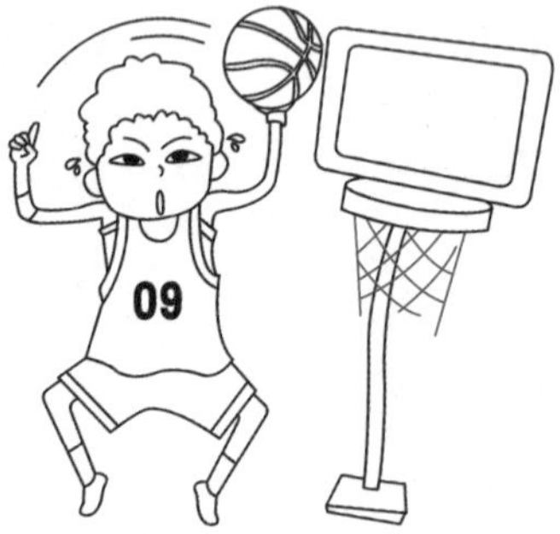

球篮线。

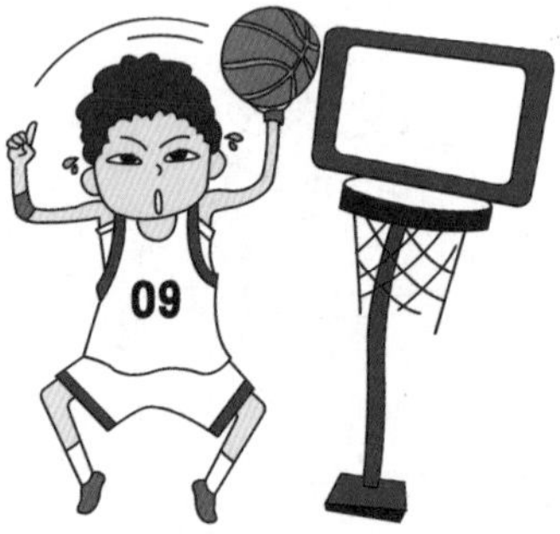

完成上色。

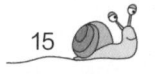

绘制帽子形状。　　绘制脸型。　　绘制脸部。　　绘制围脖。　　绘制左手臂。

绘制汤勺形状。　　绘制右手臂。　　绘制厨师服上衣。　　绘制纽扣。　　绘制厨师围裙。

绘制毛巾。　　绘制鞋子。　　绘制腿部。　　绘制其他餐具美食。　　完成上色。

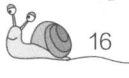

16

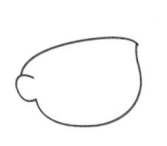

绘制脸型。

绘制帽子。

绘制五官。

绘制消防标志。

绘制领口。

绘制左手臂。

绘制消防服。

绘制消防枪头。

绘制右手臂。

绘制消防管子。

绘制黄色反光布。

绘制消防裤。

绘制脚部。

绘制水花。

完成上色。

城市美容师环卫工人

绘制帽子。

绘制头发。

绘制脸部轮廓。

绘制五官。

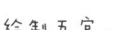

绘制衣领。

绘制身体。

绘制手。

绘制裤子。

绘制衣服细节。

绘制脚部。

绘制扫把。

上色完成。

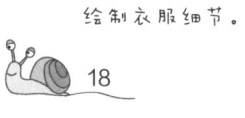

企业管理者朝气经理

绘制头发

绘制头发细节

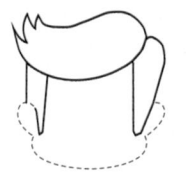

绘制面部轮廓。

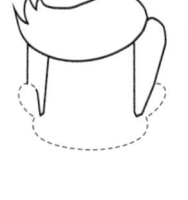

绘制五官。

绘制领子和领带。

绘制身体。

绘制手。

绘制裤子。

绘制鞋子。

上色完成。

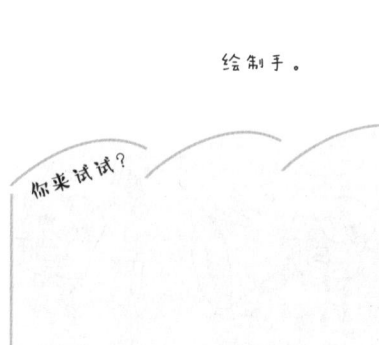

你来试试？

19

绘制帽子形状。　绘制脸型。　绘制五官。　绘制一侧手臂动作。　绘制大喇叭。

绘制另一侧手臂。　绘制领口、口袋。　开始绘制椅子。　绘制椅子靠背。　绘制椅子交叉的腿。

绘制一侧腿部。　绘制另一侧腿部。　绘制脚部。　绘制椅子的坐布。　完成上色。

风雨无阻的快递小哥

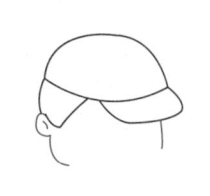    

绘制帽子形状。　绘制脸型。　绘制五官。　开始绘制快递盒。　绘制一侧抱着盒子的手臂。

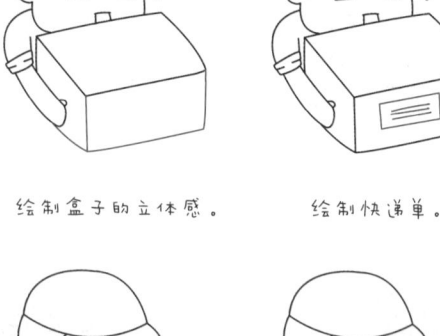 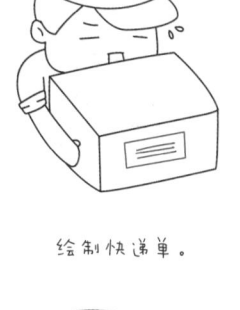  

绘制盒子的立体感。　绘制快递单。　绘制盒缝与封条。　在盒子上可以写上快递两个字。　绘制挎包。

绘制挎包的立体感。　绘制双腿。　绘制双脚。　绘制掉下来的快递盒。　完成上色。

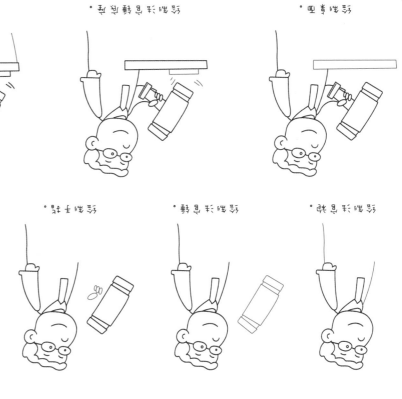
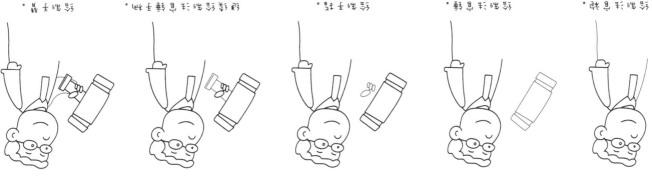

第 2 课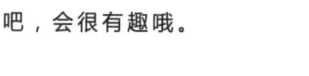

随处可见的生活用品

生活中穿衣打扮很多必备的生活用品，还有每天
工作都会用到的办公用品动动手将它们绘制出来
吧，会很有趣哦。

1. 老式的座机电话

绘制方法：一般先画外轮廓，再对细节部分进行绘制。

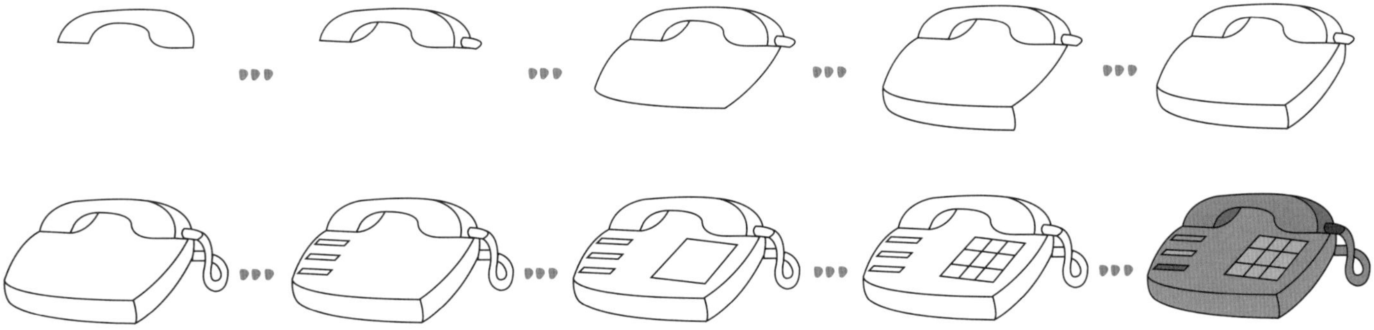

2. 大屁股电视机

绘制电视前面轮廓。

绘制屏幕。

绘制接收线号器。

绘制天线。

绘制老电视大屁股顶部。

绘制大屁股侧面。

绘制电视按钮。

开始绘制电视柜。

绘制电视柜前部轮廓。

绘制电视柜侧面。

绘制双层轮廓。

绘制柜子的立体线。

绘制 DVD 机机体。

绘制 DVD 机按钮。

完成上色。

3. 置于写字台上的台灯

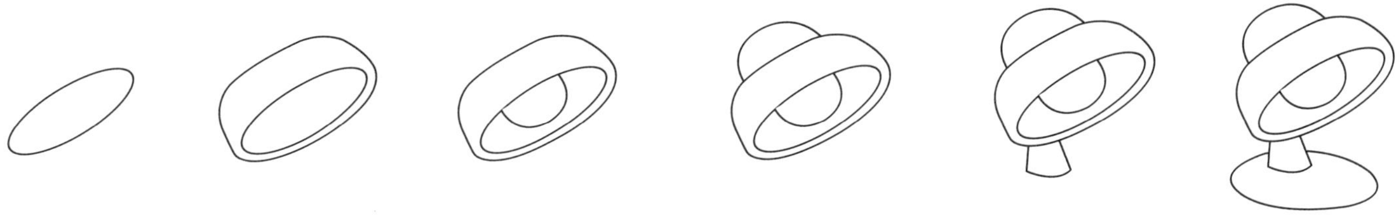

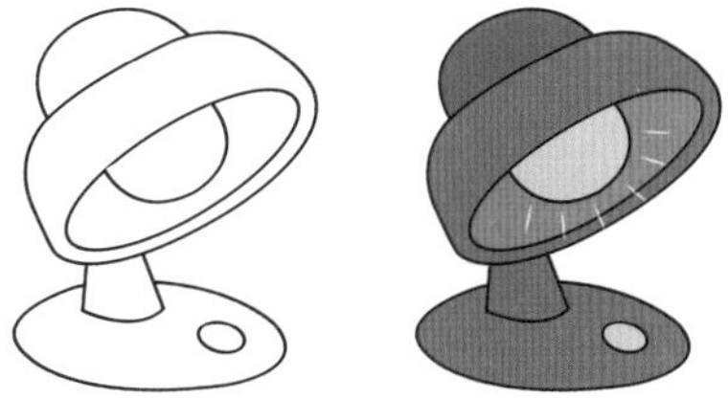

绘制方法：先绘制灯罩外轮廓，然后对灯泡进行绘制，之后绘制灯座及按钮，涂色时可以加点灯光的效果，显得灯光非常的亮。

普通的微波炉。

4. 现代生活家电微波炉

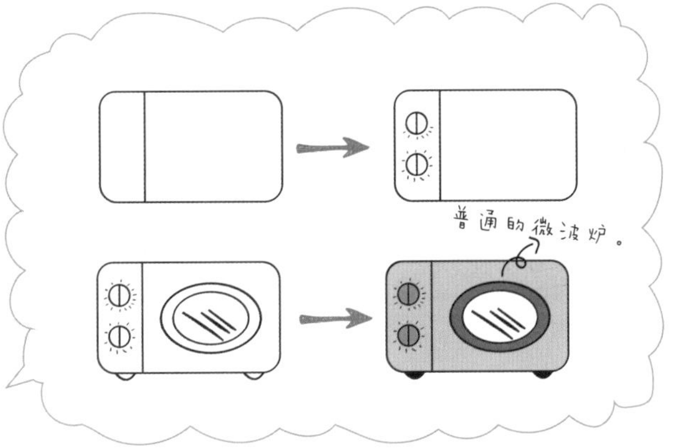

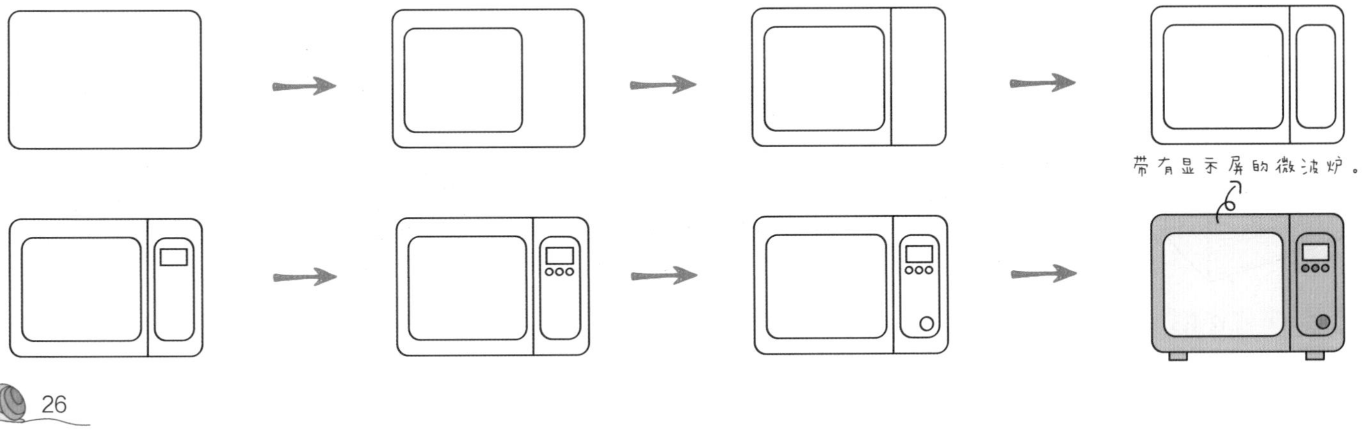

带有显示屏的微波炉。

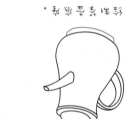

5. 卧式茶壶与茶杯

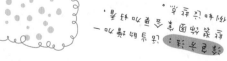

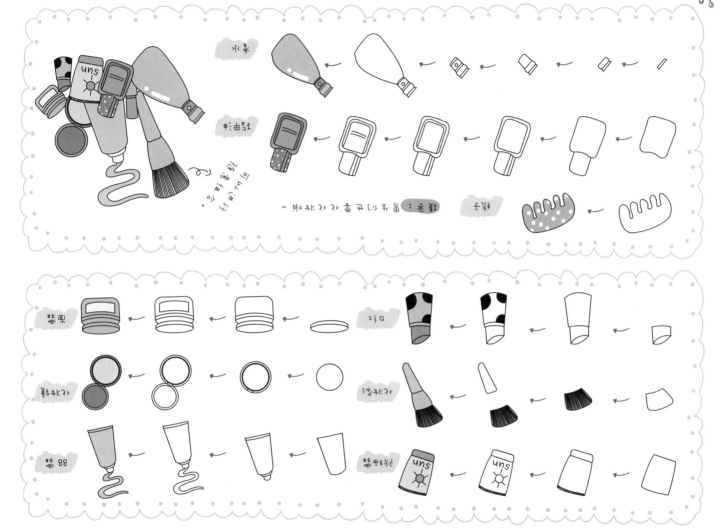

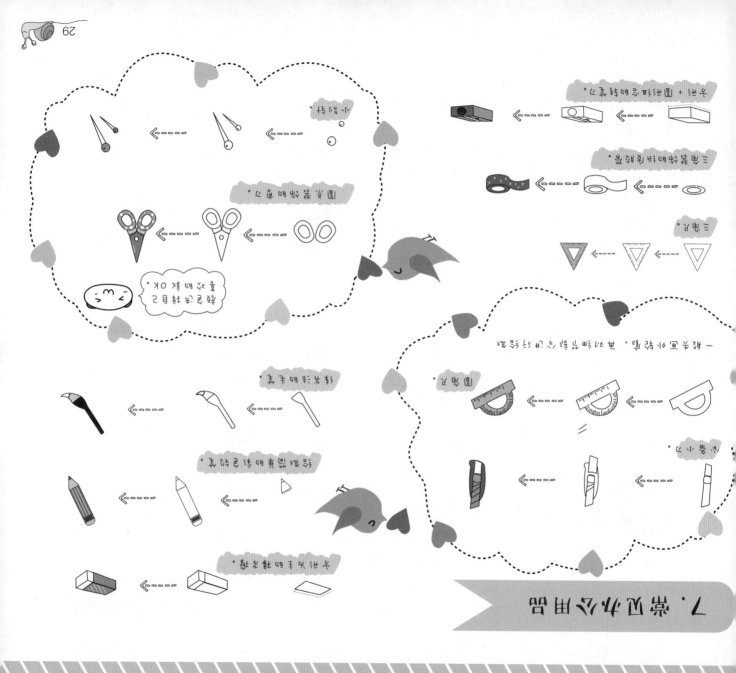

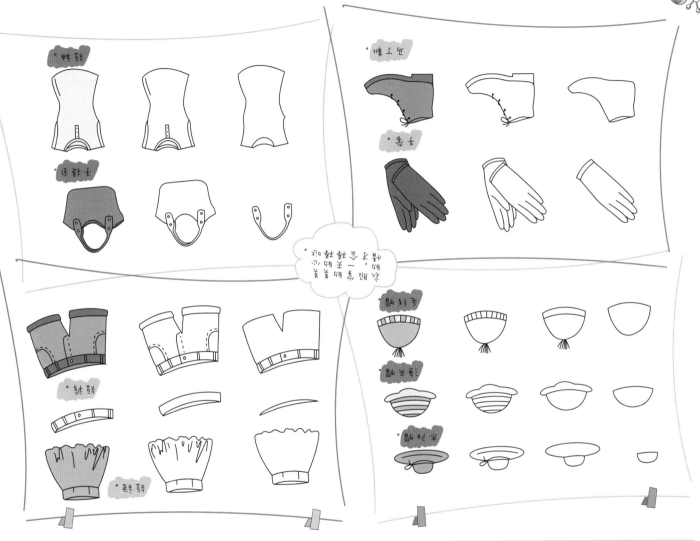

8. 美美的服装

9. 有闹钟才不会迟到

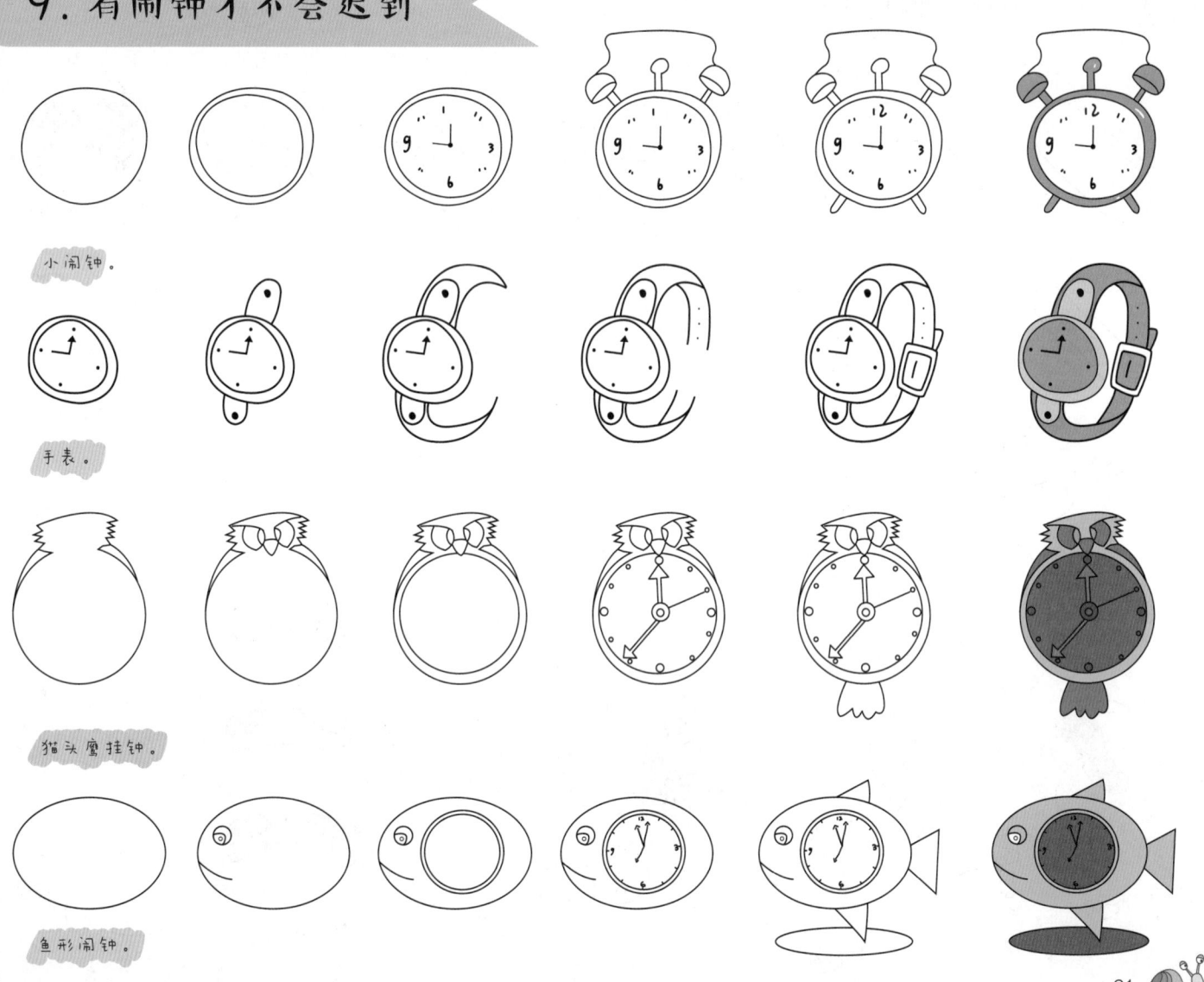

小闹钟。

手表。

猫头鹰挂钟。

鱼形闹钟。

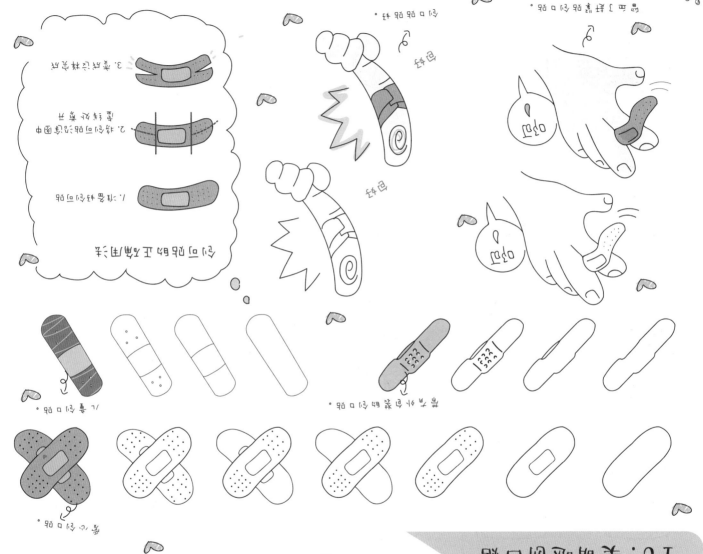

10. 美观性创口贴

第 3 课

旅行必备的相关元素

旅途中有很多必备物品，它们能让我们的旅行更加方便。并且在旅途中还会看到更多美丽的风景与奇特的建筑，让我们一起用手绘的形式，将它们记录下来吧！

1. 我的行李箱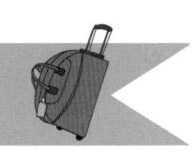

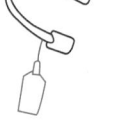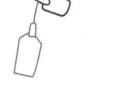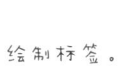

绘制手拎带。　　　　绘制缝接的地方。　　　　　绘制标签。　　　　开始绘制行李箱的轮廓。　　　绘制另一侧手拎带。

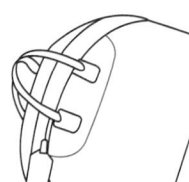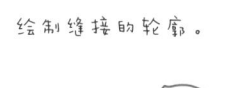

绘制拉链。　　　　　绘制行李箱的外侧轮廓。　　　　绘制缝接的轮廓。　　　　绘制行李箱的立体效果。

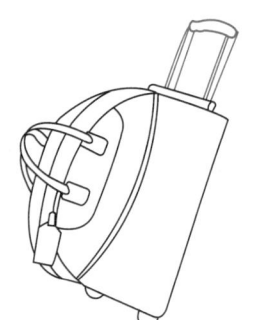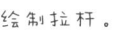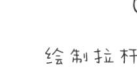

绘制行李箱的轮子。　　　绘制拉杆收缩的位置。　　　　绘制拉杆。　　　　　　　完成上色。

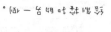

先从上面开始。

先画出手提把。

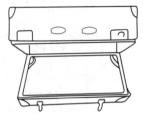
先画出手提把的锁扣。

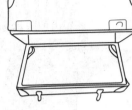
先画出扣子的一侧。

先画出两侧箱子上的装饰纹。

先画出箱体的拉链。

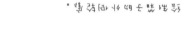
先画出箱子外侧。

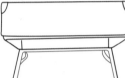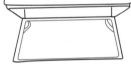
先画出箱子内侧的盖子。

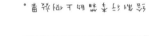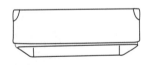
先把后面的箱子画上。

先画出箱子外侧。

先画出箱子外侧的轮廓线。

先画出箱子内侧的轮廓线。

2. 复古的手提箱

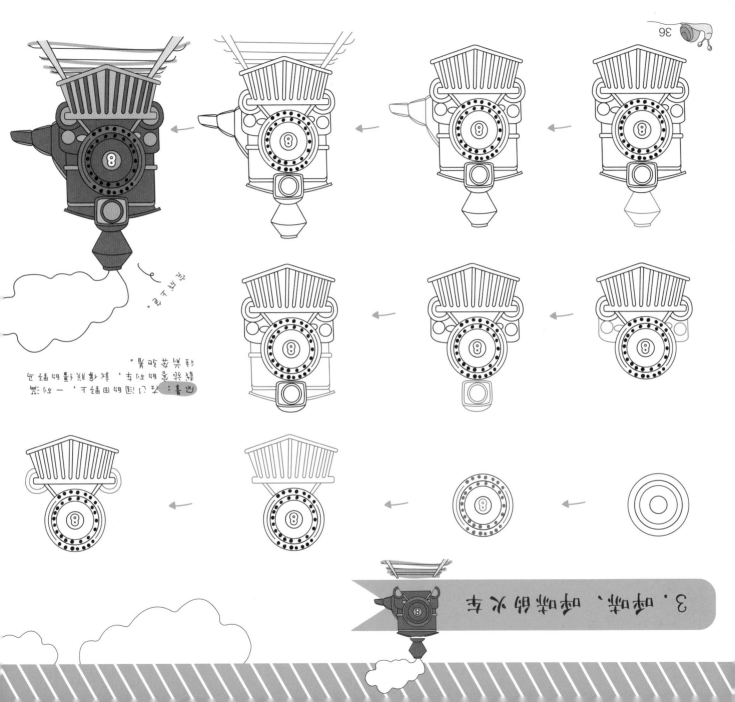

3. 嘟嘟，嘟嘟的火車

提示：在火車的圖形畫上，一般會
轉整段身方向去，就讓我這邊畫了
已經的圖形。

畫上煙。

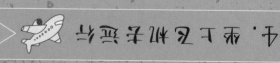

5. 饱满的零钱包

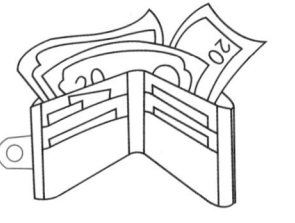

绘制钱包轮廓。

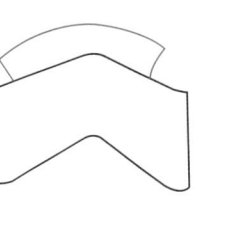

绘制前面钱票的轮廓。

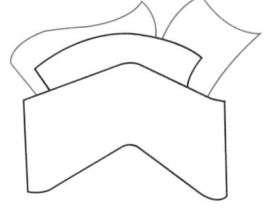

绘制后侧钱票的轮廓。

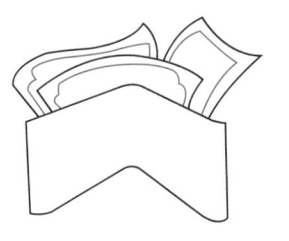

绘制钱票内轮廓。

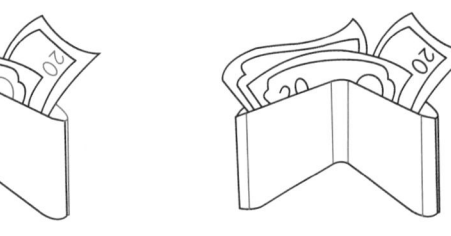

绘制钱票细节及钱包后侧。

绘制钱包细节。

绘制钱包口袋。

绘制钱包内的卡片。

绘制钱包按钮。

绘制硬币。

绘制剩余硬币。

完成上色。

7. 坐上双层观光车一日游

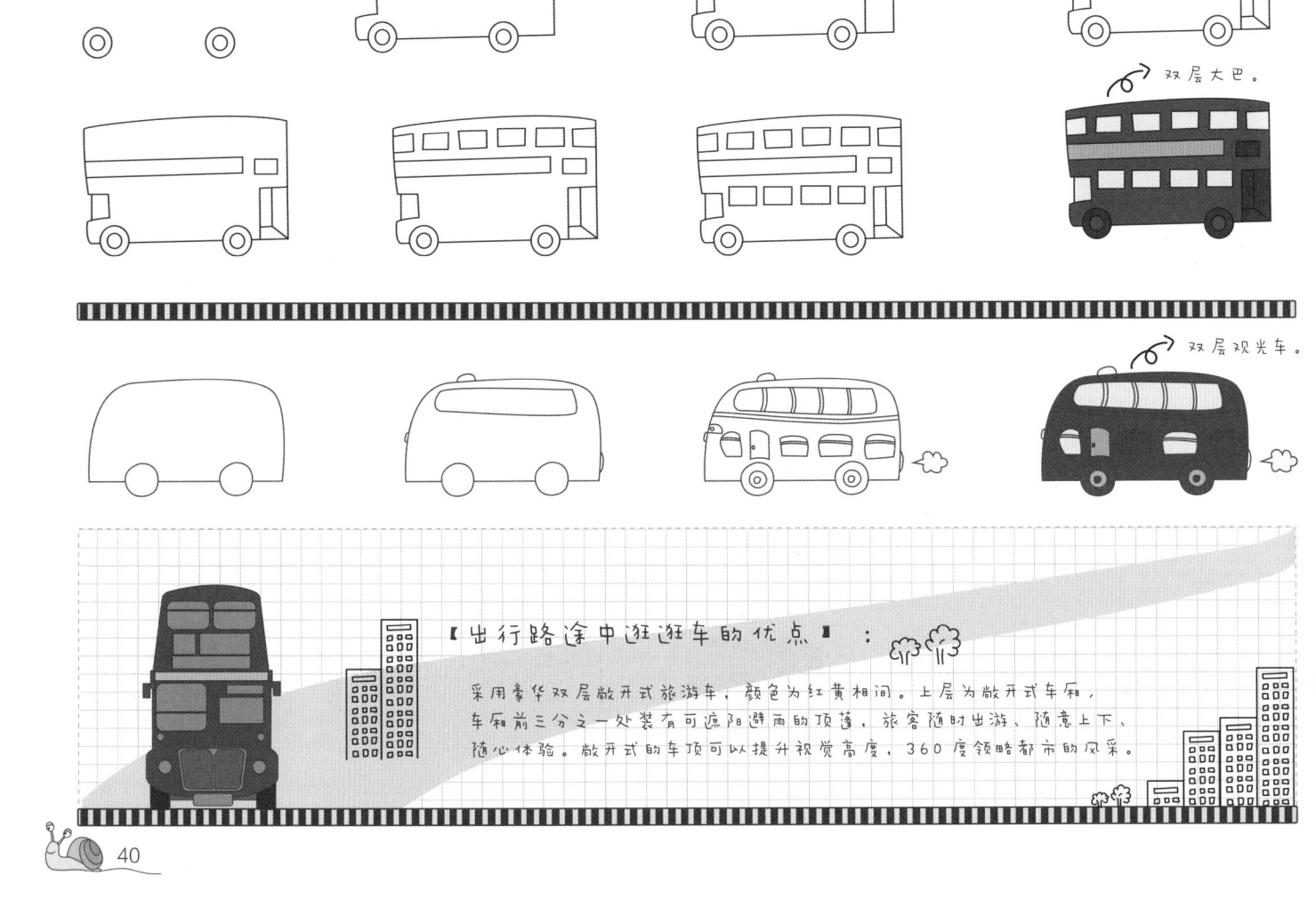

双层大巴。

双层观光车。

【出行路途中逛逛车的优点】：

采用豪华双层敞开式旅游车，颜色为红黄相间。上层为敞开式车厢，
车厢前三分之一处装有可遮阳避雨的顶篷，旅客随时出游、随意上下、
随心体验。敞开式的车顶可以提升视觉高度，360度领略都市的风采。

8. 著名的悉尼歌剧院

景点小提示：以特色的建筑设计闻名于世，它的外形像三个三角形翘首于海边，屋顶是白色犹如贝壳的形状，因而有"翘首遐观的恬静修女"之美称。

绘制矮墙。

绘制栏杆扶手。

增加栏杆。

绘制楼梯墙体。

绘制支撑贝壳建筑的墙体。

绘制墙体细节及入口。

开始绘制贝壳建筑。

绘制前侧的贝壳建筑。

绘制其余的贝壳建筑。

绘制贝壳建筑的细节。

绘制两侧的建筑。

完成上色。

9. 其他旅游景点建筑

意大利比萨斜塔。

罗马斗牛场。

浪漫的埃菲尔铁塔。

自由女神像。

42

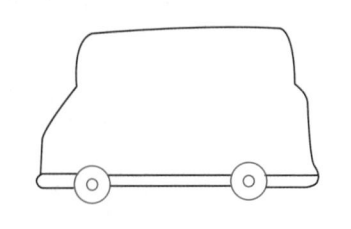

绘制汽车轮廓。　　绘制车轮。　　绘制驾驶车窗。　　绘制后侧车窗。

绘制车窗分界线。　　绘制分层线。　　绘制车顶装饰冰淇淋。　　绘制冰淇淋牌子。

绘制车体细节。　　绘制驾驶室的方向盘及车座。　　绘制冰淇淋蛋筒。　　完成上色。

第4课

丰富多彩的装饰元素

前面已经学习了如何绘制图案，下面将带大家一起学习常用的一些装饰元素的绘制，其中包括对话框、装饰边框、常用的辅助图案与必不可少的文字设计，总有一个是你需要的！相信它们能够让你的手绘效果颜值 UPUP！

1. 对话框

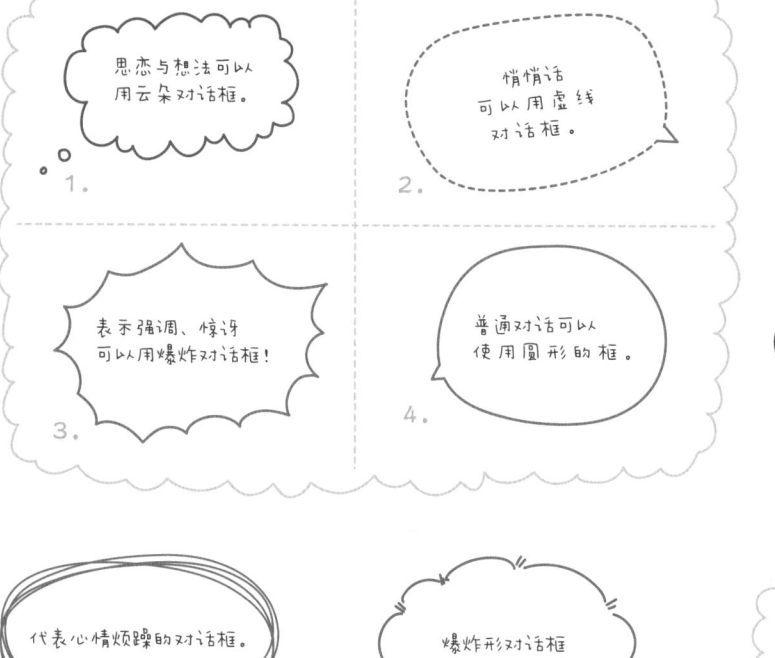

1. 思恋与想法可以用云朵对话框。
2. 悄悄话可以用虚线对话框。
3. 表示强调、惊讶可以用爆炸对话框!
4. 普通对话可以使用圆形的框。

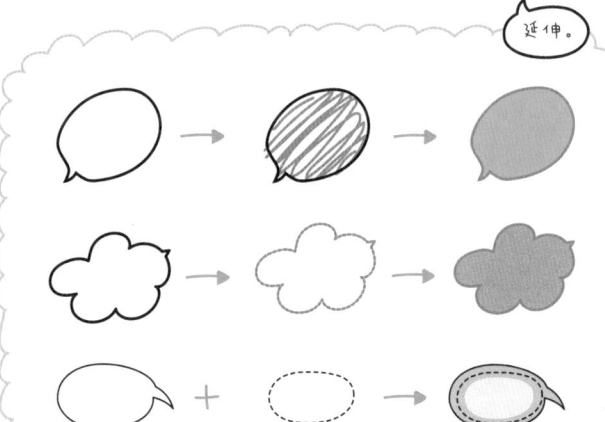

扁扁的对话框。

尖角对话框。

长方形对话框。

电线圈对话框。

方形对话框。

代表心情烦躁的对话框。

爆炸形对话框

双线框

杂乱的线也可以作为对话框。

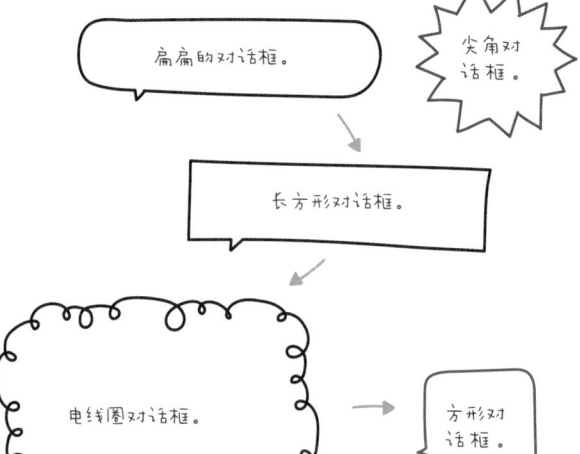

延伸。

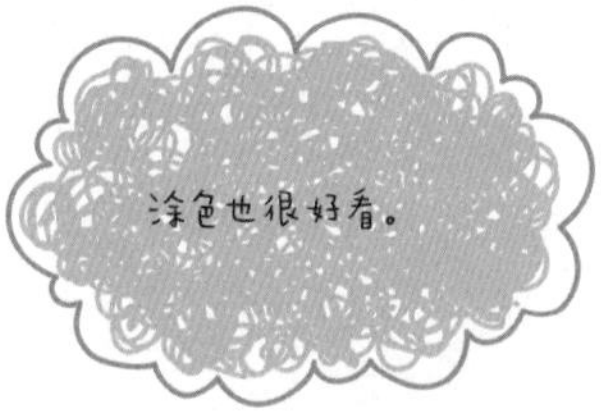
涂色也很好看。

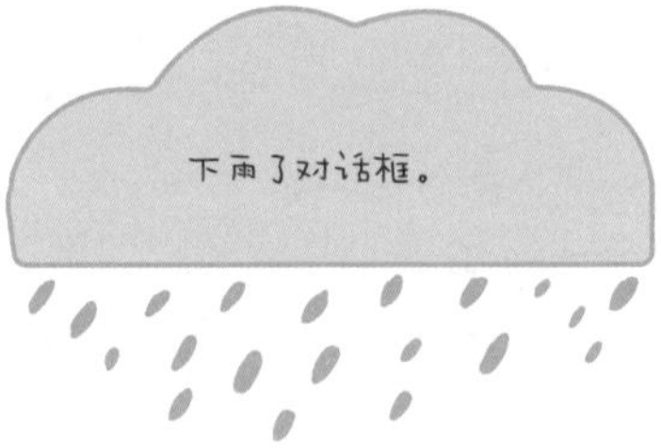
下雨了对话框。

特殊对话框。

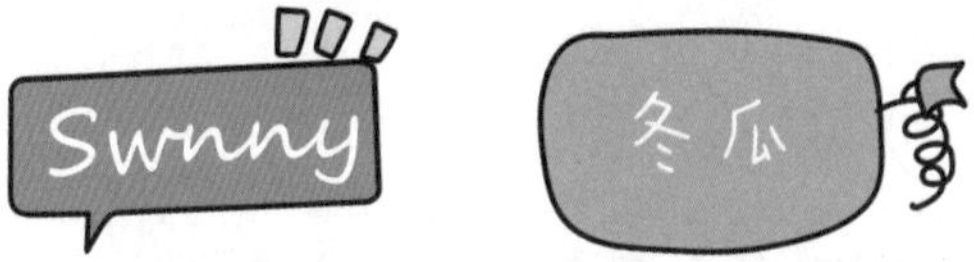
Swnny
冬瓜

方法：可以选取一些有趣的造型进行绘制哦~

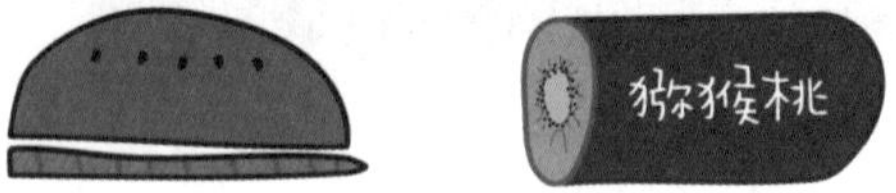
猕猴桃

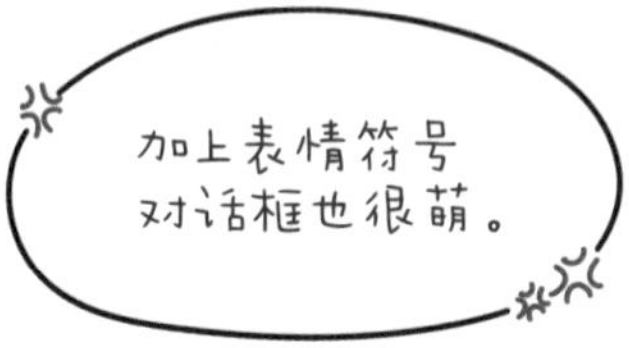
加上表情符号
对话框也很萌。

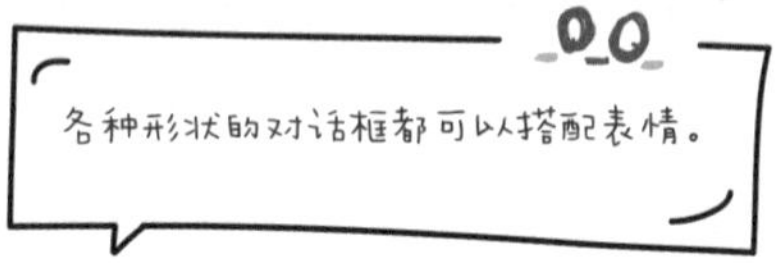
各种形状的对话框都可以搭配表情。

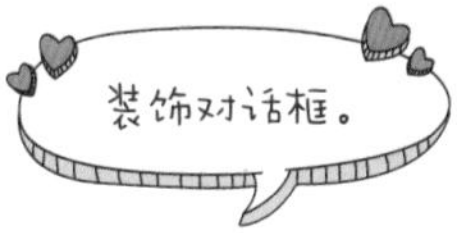
装饰对话框。

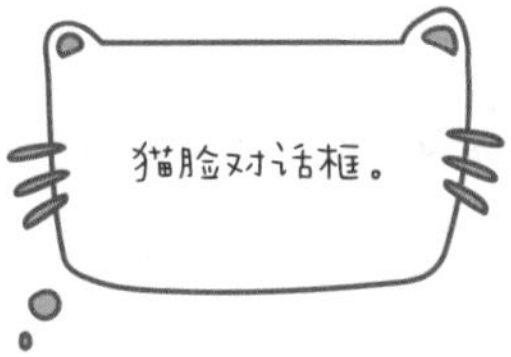
猫脸对话框。

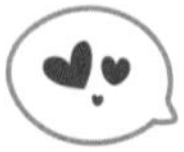 爱心表示喜欢。 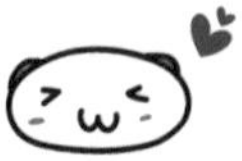

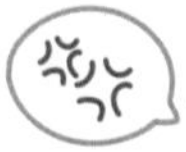 十字表示生气。 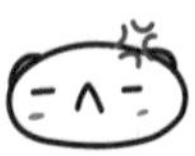

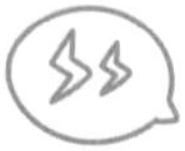 闪电表示受到打击。 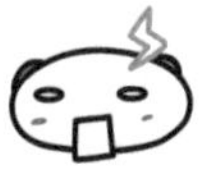

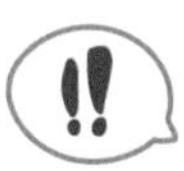 感叹号表示惊叹。 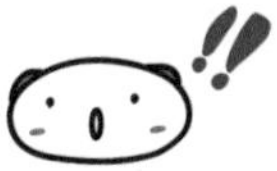

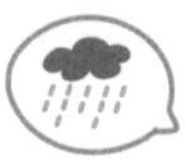 乌云表示不开心。 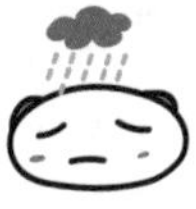

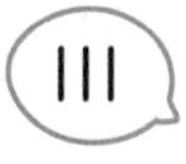 竖线表示尴尬。 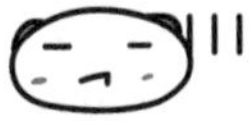

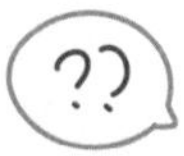 问号表示疑问。 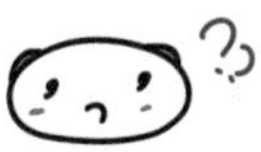

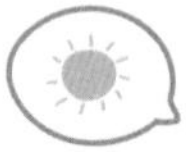 小太阳表示心情好。 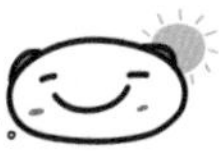

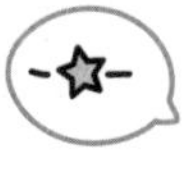 十字表示生气。 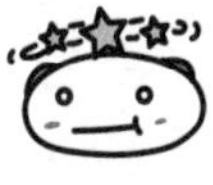

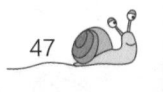

2. 分割线

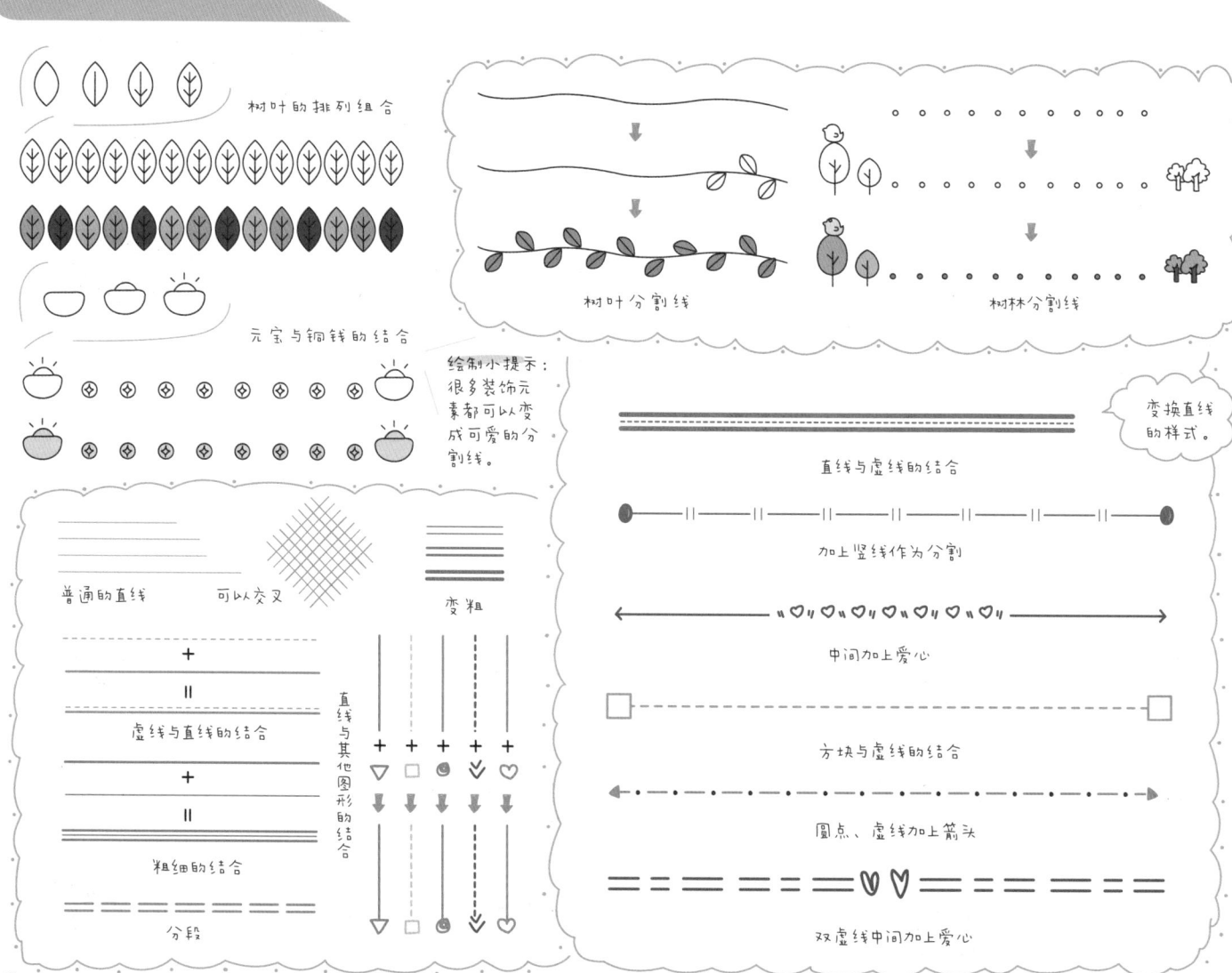

树叶的排列组合

元宝与铜钱的结合

绘制小提示：
很多装饰元素都可以变成可爱的分割线。

树叶分割线

树林分割线

普通的直线　　可以交叉　　　变粗

虚线与直线的结合

直线与其他图形的结合

粗细的结合

分段

变换直线的样式。

直线与虚线的结合

加上竖线作为分割

中间加上爱心

方块与虚线的结合

圆点、虚线加上箭头

双虚线中间加上爱心

为大家展示一些常见的花边，大家可以直接运用到手帐中。

水浪与水花。

帘子。

弯曲的藤蔓。

随意的三角形。

流星雨。

一打薯片。

心动。

炫彩糖果。

牛奶糖。

香蕉。

橘子。

樱桃。

小石子。

草莓。

花。

花瓣的组合。

花与叶子的组合。

太阳公公要下班咯。

公车来啦。　　站台+公交

喝奶奶。　　婴儿+奶瓶

好热的天气。　　风扇+小人

美丽的蝴蝶结。

浇花。　　水壶+小花

悠闲的猫咪。　　小猫+尾巴

爱人的信。　　信件+信箱

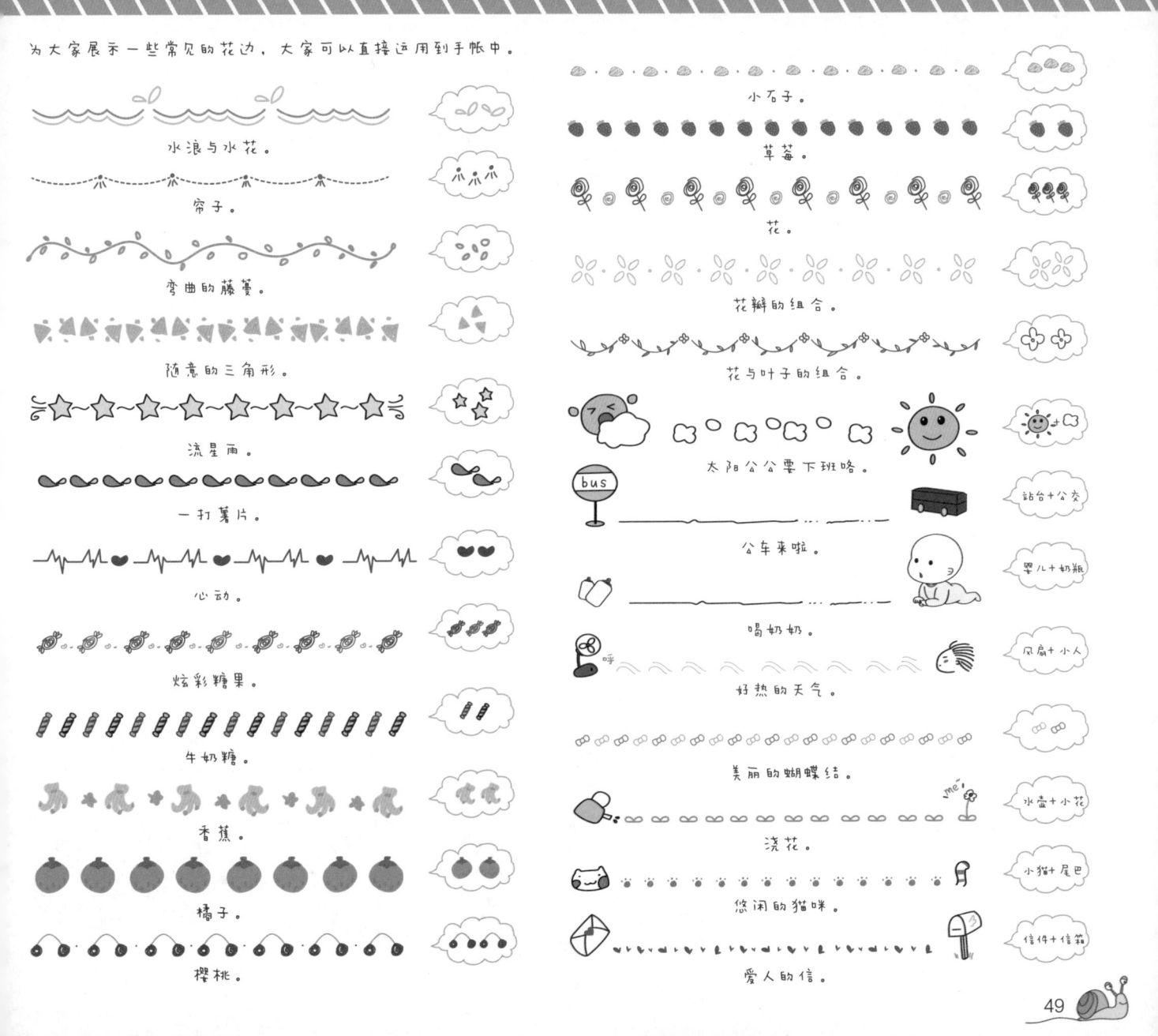

~ 小tips：先在画面上把装饰元素布局好再进行装饰～

用星星组合的圆形。

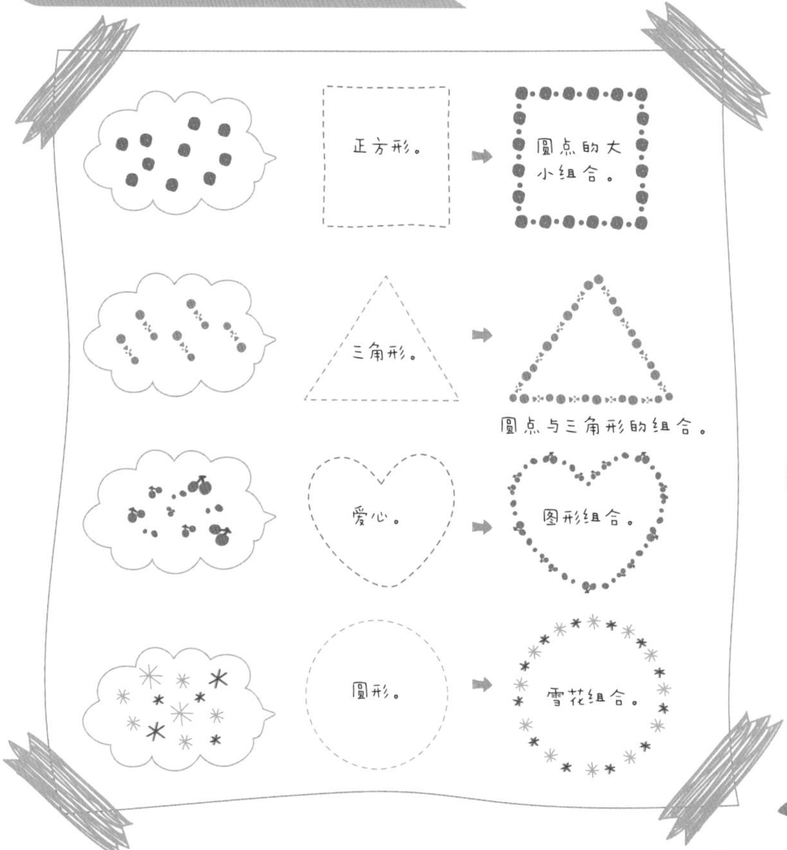

圆形。

用圆点组合的心形。

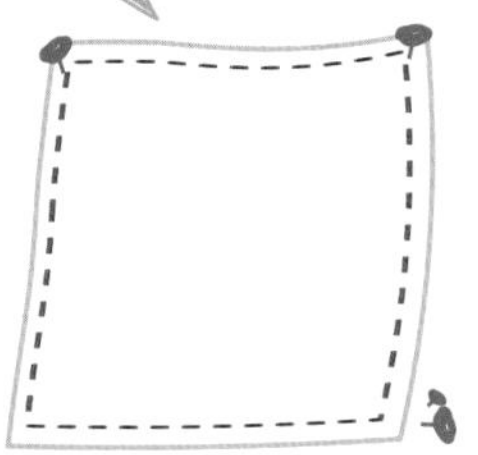

心形。

用花与三角组成的三角形。

三角形。

用圆点和方块组合成的大、小正方形。

正方形。

3. 组合边框

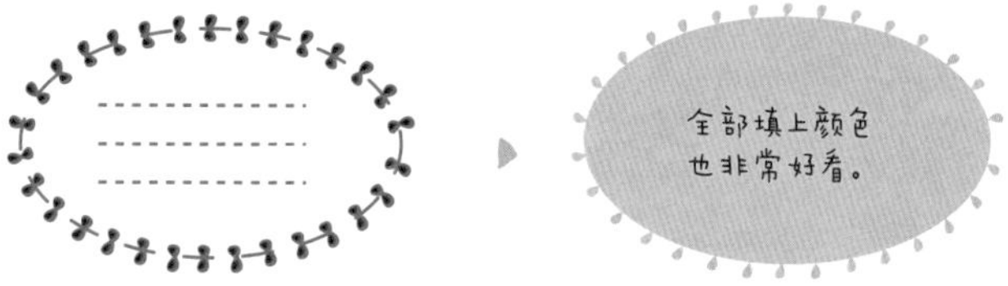

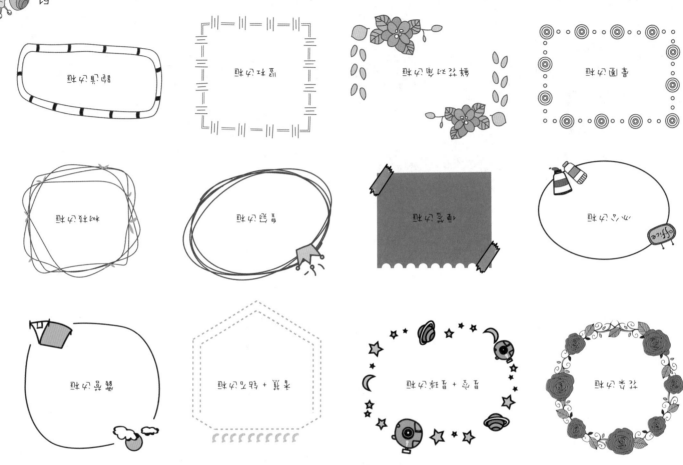

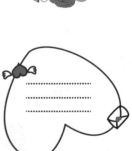

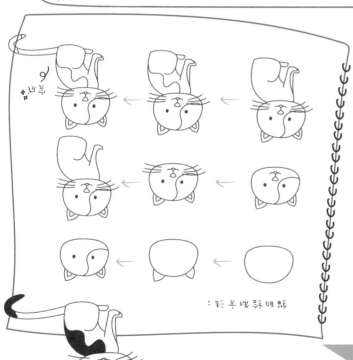

畫貓咪的步驟：

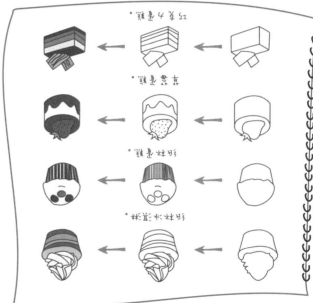

紅茶蛋糕。

草莓蛋糕。

巧克力蛋糕。

紅絲絨蛋糕。

4. 你也可以很裝飾小圖案

5. 中英文装饰字体

【中文字体设计】

米粒儿团队

正常书写展示。

米粒儿团队

文字大小变换。

米粒儿团队

文字的上下位置变换。

米粒儿团队

曲线及圆点组合。

米粒儿团队

增加厚度展示立体。

米粒儿团队

添加错开的描边表现灯管效果。

米粒儿团队

大小圆点的错落组合。

米粒儿团队

描边加里面纹路。

米粒儿团队

粗线加浅色阴影的叠加。

米粒儿团队

饼干效果。

米粒儿团队

双曲线效果。

米粒儿团队

空心文字效果。

可以增加特殊符号哦。

周末购物

继续更新!

双线对话框

RICE GRAIN RICE GRAIN RICE GRAIN

正常英文字母的表现。　　为单个字母增加星星图形。　　添加完成效果的展示。

RICE GRAIN RICE GRAIN RICE GRAIN

使用轮廓线将字母圈住。　　使用虚线效果。　　添加心形图案。

RICE GRAIN RICE GRAIN RICE GRAIN

使用涂鸦形状作为底色。　　空心字母效果。　　在下方添加装饰符号。

RICE GRAIN RICE GRAIN RICE GRAIN

添加绿芽与草坪。　　直线与圆圈的结合展示电路效果。　　使用粗细搭配的效果。

·R·I·C·E·G·R·A·I·N· RICE GRAIN RICE GRAIN

中间添加几何符号。　　圆点与直线的搭配。　　绘制倾斜投影效果。

漫 步 星 空